한국 현대건축 산책

2000년대 우리 도시의 소소한 풍경

한국 현대건축 산책

김현섭 지음

이유출판

역사가의 균형과 종합

2006년 한양대학교 김원식 교수와 해안건축 김흥수 소장의 권유로 한국건축가협회 평론분과위원회에 참여하면서, 지지부진한 비평 활동을 어떻게 활성화할 것인가를 고민하게 되었다. 협회 기관지인 『건축가』를 포함하여 대부분의 건축 저널에서, 비평가가 공들여 쓴 글이 독자의 호응을 얻지 못하는 것을 보고 다른 방식의 글쓰기가 필요하다고 판단했다. 대안으로 제시한 방식은 한 작품에 대해 4명의 비평가가 각자의 관점에 따라 핵심을 집약해서 짧은 분량으로 작성한 글을 '옴니버스'로 묶는 것이었다. 비평가는 핵심 쟁점에만 집중하기 때문에 글 쓰는 시간을 줄이면서 주장의 밀도를 높일 수 있고, 반대로 독자는 여러 주장을 서로 비교하며 풍부하게 읽어 볼 수 있다는 점에서 효과적이라고 생각했다.

옴니버스 방식의 비평을 시범적으로 적용한 것은 2006년 8월 김종규의 카이스갤러리였다. 1년 후 평론분과위원장을 맡은 이래 필자는 2013년 12월까지 이 방식을 적용하기 위해 주변 사람들과 활발하게 교류하게 되었다. 이 기간에 건축가 35명의 작품을 대상으로 비평 글을 작성한 이는 50명에 이른다. 비평 작성자 외에도 건물 답사와 토론에는 더 많은 인원이 참여했으니, 그야말로 다양한 건축가, 비평가와 만나면서 건축을 공부하는 소중한 기회가 되었다. 만 7년 4개월 동안 2회 이상 글을 쓴 이는 12명이고, 10회 이상 쓴 이도 4명인데, 김현섭 교수가 여기에 포함된다. 그렇게 작성한 글을 모아서 출판하는 책에 추천의 글을 쓰려니, 함께 답사하고 열띠게 토론했던 사람들과의 만남을 떠올리게 된다. 특히 2008년 초 김인철의 파주 웅진씽크빅 사옥을 함께 답사한 연세대학교 장림종 교수가 원고를 보내고 한 달 남짓 된 시점에 타계했다는 소식을 듣고 슬퍼했던 기억이 새삼스럽다.

김현섭의 글에서 감지되는 가장 큰 특징은 균형을 유지하면서 종합하는 역량이다. 그는 자신의 선호와 취향에 따라 대상을 한정하지 않고, 대상이 무엇이든 가장 적절한 방식으로 서술하고, 분석하고, 평가한다. 평가를 예단하지 않고 균형을 유지하는 자세는 아마 역사가로 훈련받은 덕분일 것이다. 알려져 있듯이 그의 박사학위 지도교수는 영국 셰필드대학교의 피터 블룬델 존스(Peter Blundell Jones, 1949~2016)다. 블룬델 존스는 기능주의의 범위를 합리적 효율에 국한하지 않고 유기적 건축으로 확장하여, 근대건축의 '다른' 전통을 집중적으로 연구한 역사가다. 한국인 제자 3인의 박사논문 주제가 '대안적 전통들'(서울과기대 황보봉 교수), 'H.P. 베를라헤'(단국대 강태웅 교수), '알바 알토'(고려대 김현섭 교수)인 것도 분명 그의 영향이다. 김현섭은 규범화된 평가를 그대로 답습하기보다 그늘에 가려진 측면을 같이 보는 역사가로부터, 쉽게 선입견에 함몰되지 않으면서 객관적 자료를 근거로 자신의 해석과 평가를 빌드업하는 종합과정을 전수했을 것이다.

김현섭은 전체 맥락에서 구체적 사실을 규정하는 하향(top-down) 방식도 구사하지만, 사소해 보이는 사실의 미로에서 크고 깊게 중층적으로 바라보며 개념적 인식의 줄기를 잡아가는 상향(bottom-up) 방식을 조금 더 선호하는 것으로 보인다. 하지만 두 가지 상반된 사유 방식을 동시에 구사하기에 넓게 헤아리고 깊게 반응한다. 대체로 넓으면서 깊기는 어렵다. 넓으면 얕기 쉽고, 깊으면 좁기 쉽다. 넓으면서 깊어지려면 그만큼 성실하고 부지런해야 한다. 그의 성실함은 2024년 말 기준으로 고려대학교 건축역사연구실 웹사이트에 정리된 155편의 저널 아티클, 26건의 단행본 및 단행본 챕터, 24편의 학회발표, 80회의 초청 강연, 그리고 여타 다방면의 활동 목록이 증명한다. 놀라운 분량의 이 목록은 앞으로도 계속 늘어날 것이다. 김현섭은 아직 젊은 연구자이기 때문이다.

부지런함은 이 책에서도 중요한 인자다. 수많은 자료를 꼼꼼하게 검토하고 연결해서 유의미한 인식을 추출하기 위해서는 부지런함이 요구되기 마련이다. 그는 하나하나의 글에서 ① 건축가의 작품과 글로부터 소소하게 흘려보낼 수도 있는 말에 이르기까지 폭넓은 범위의 사실적 자료를 끌어들이고, ② 이를 디테일한 재료와 생산 메커니즘에서부터 사회 경제적 쟁점 및 역사 이론적 맥락에까지 자유자재로 연결하며, ③ 이를 다시 멀리서 크게 보고, 가까이서 세밀하게 살펴볼 뿐만 아니라 위아래, 안팎의 다면적인 위치와 각도에서 가늠하면서, ④ 한국과 서구, 과거의 역사와 현재의 현실, 감각적 체험과 개념적 인식을 씨줄과 날줄 삼아 교직해 간다.

김현섭은 성실하고 부지런한 자세로 탐구하고 큰 범위에서 전체를 가늠하기에, 웬만한 움직임에 흔들리지 않을 정도의 균형감각을 보여준다. 그는 짧은 글에서도 크게 규정하고 전체 국면에서 생각한다. 책에 수록된 글에서 보듯, 개별 작품들을 건축가의 작품 전체 맥락에서 파악하려 하고, 한국건축의 문제 상황과 연관시키며, 이론적 담론 안에서 평가하고자 한다. 짧은 시간에 적은 분량으로 하나의 쟁점에만 집중하는 옴니버스식 기획을 따랐기에 어쩔 수 없이 소홀했던 바가 있었을 텐데, 원래 평론을 중앙에 두고 앞뒤에 역사적 맥락을 개괄하는 '소개글'과 '건축가의 말'을 덧붙인 것도 이를 보완하기 위함이리라. 작품의 부분에 치우치지 않고 전체를 조망하려는 역사가의 자세가 엿보인다.

이 책이 건축에 익숙한 전문가들에게는 자신의 경험을 대상화시켜 비교해보는 참조 텍스트로, 또 건축을 배우는 초심자들에게는 따라 보면서 건축 읽기를 배울 수 있는 기준 텍스트로 활용되기를 바란다.

정만영
서울과학기술대학교 건축학부 교수

책을 내며

새천년에 들어선 지 25년, 벌써 사반세기다. 관점에 따라 다르긴 하지만 한국 현대건축의 출발을 1950년대로 본다면 삼분의 일을 2000년대가 차지한 셈이다. 사반세기가 흘렀으니 2000년대 한국의 현대건축에 누적된 시간 층위도 여러 겹임을 눈치채야 한다. 2000년 전후로 계획되고 건축이 시작된 파주출판도시와 헤이리예술마을의 스토리도 이미 옛 이야기처럼 아련하지 않나. 수 년 전부터는 AI(Artificial Intelligence, 인공지능) 건축이 화두인데, COVID-19 팬데믹 기간 우리는 온라인 활동으로 새로운 시공간을 경험하며 앞당겨진 미래를 논했었다.

　　그사이 한국건축의 위상도 한층 높아졌음이 분명하다. 각종 국제전시회와 출판 등의 교류 활동으로 세계 속에서 한국건축에 대한 인식의 폭이 넓어진 것이다. 일례로 건축가 조민석(1966~)이 커미셔너였던 2014년 베니스비엔날레 국제건축전의 한국관이 황금사자상을 받으며 최고의 국가관으로 주목받았었는데, 10년이 지난 2024년 같은 건축가는 영국의 서펜타인 파빌리온을 설계해 전시하는 영예를 안기도 했다. 대중문화의 약진에 힘입은 한류의 확산에 (그리고 최근 소설가 한강의 노벨문학상 수상이라는 고무적 성취에) 탄력을 받아 한국 현대건축도 앞으로 더 전진할 수 있으리라 기대해 보자. 물론 화려한 '겉보기 등급'보다 건축을 문화적 맥락에서 사유하는 사회 전체의 내적 성숙과 담론 축적이 함께 이루어져야 할 것이다.

이야기가 좀 거창해진 듯하다. 하지만 이 작은 책의 범위와 의미가 오히려 부각되지 않을까 싶다. 이 책『한국 현대건축 산책: 2000년대 우리 도시의 소소한 풍경』은 필자가 한국건축가협회의 격월간『건축가』에 기고했던 열두 편의 평론을 모은 것이다. 첫 글은 갤러리 소소(2006, 최삼영)를 대상으로 한 것으로 2009년 7/8월호에 실렸고, 마지막 글은 전곡선사박물관(2006~2011, X-TU Architects)을 대상으로 해 2014년 5/6월호에 실렸다. 거의 5년에 걸친 기간 동안 발표한 글들인데(필자는 연달아 글을 쓰기도 하고 한동안은 전혀 그러지 못하기도 했다), 건물이 지어진 시점으로 치면 살짝 다르다. 글머리의 어법으로 말해, 대상 건축물은 대개 2000년대 사반세기의 전반부에 속한다. '공간 콤플렉스'라는 예외적 사례는 제쳐두고 볼까. 그렇다면 시간적 범위는 2003년부터 2012년까지의 10년으로 특정된다. 가장 이른 사례인 상상사진관(2003~2004, 문훈) 프로젝트가 시작된 해로부터 가장 나중의 전쟁과 여성인권박물관(2011~2012, 와이즈건축)이 완공된 해까지의 기간이니 말이다. 지금으로서는 추억의 책장을 뒤로 여럿 넘겨야 할 시절이다.

'공간 콤플렉스'에 대해서는 짤막히 덧붙일 필요가 있겠다. 이 말은 김수근의 공간사옥(구관 1971~1975, 신관 1976~1977)에 장세양의 공간 신사옥(1996~1997)과 이상림 시대의 공간한옥(2002)이 덧대어진 복합 건물군을 이르기 위해 필자가 쓴 용어다.『건축가』2013년 11/12월호의 글에서였다. 사실 공간그룹의 건물군은 이 매체의 평론 대상으로 적합하지 않아 보인다. 김수근의 공간사옥은 이미 한국 현대건축의 전설이었고, 나머지 두 건물도 시기적으로 근작이라 말할 수 없기 때문이다. 하지만 2013년 공간그룹의 부도로 공간사옥 매각이 결정됨에 따라 건축가협회가 마지막으로 이를 조명하는 것은 자연스런 일이 됐다.

매각 전 10여 년의 공간사옥은 바로 이 '공간 콤플렉스'를 지칭한다. 즉, 『한국 현대건축 산책: 2000년대 우리 도시의 소소한 풍경』은 2003년부터 2012년 사이 건축된 열한 개의 사례와 '공간 콤플렉스'라는 특별 사례 하나를 담은 책이다. 책의 구성은 원래 글이 발표된 시간순이 아니라 건축물이 지어진 순서를 따랐다. 다만 '공간 콤플렉스'는 건축 연대가 제일 빠르면서도 마지막 장에 위치한다. 글의 성격도 다르고 분량도 많아서인데, 2013년의 사건 자체를 기준점이라 이해할 수도 있다.

이 같은 이해를 바탕으로 어떤 건축가의 어떤 건물이 글의 대상인지 일별해 보자. '공간 콤플렉스'는 이미 짚었으니 여기서도 제외한다. 그렇다면 1990년대 젊은 건축가 모임으로 눈길을 끌었던 4.3그룹 멤버들이 가장 연장자 세대다. 나이순으로 조성룡(1944~), 방철린(1948~), 이성관(1948~)이 이들이며, 각각 지앤아트스페이스(2005~2008), 탄탄스토리하우스(2004~2006), 탄허대종사기념박물관(2007~2010)을 설계했다. 4.3그룹에 대해서는 이미 여러 논의가 있었는데, 이들의 디자인은 스펙트럼이 넓은 가운데서도 전통이나 땅의 문맥과 관계하는 경우가 많았다.[1] 가장 젊은이는 와이즈건축의 전숙희(1975~)와 장영철(1970~)로, 이 커플은 2011년 젊은건축가상을 수상하며 전쟁과여성인권박물관 공모전에 참여할 수 있었다. 기존 주택을 박물관으로 리모델링하는 작업이었다. 다음으로 젊은 건축가는 시스템 랩(더_시스템 랩)의 김찬중(1969~)과 문훈건축발전소의 문훈(1968~)이다. 김찬중의 폴스미스 플래그십 스토어(2009~2011)는 스티로폼 거푸집을 이용한 콘

---

1   김현섭, 「4.3그룹의 모더니즘」, 『전환기의 한국건축과 4.3그룹』, 배형민 외 (서울: 도서출판 집, 2014), 42~53쪽; 김현섭, 「4.3그룹 건축의 스펙트럼과 비판적 모더니즘」, 『종이와 콘크리트: 한국 현대건축 운동 1987-1997』, 정다영·정성규 편 (서울: 국립현대미술관, 2017), 78~87쪽.

크리트 쉘의 구현에 있어 매우 실험적이었고, 그 실험은 계속 갱신되고 있다. 괴짜 건축가 문훈의 상상사진관은 건축에 특이한 스토리와 판타지를 담은 점에서 이채를 띤다.

꼭 한 세대 차이인 위아래 건축가들의 윤곽을 잡았으니 그 사이 건축가들의 작품도 조망이 용이할 것 같다. 직관적 유희의 문훈과 대비되는 이지적 논리의 김영준(1960~)부터 보자면, 그의 파주출판도시 학현사(2006~2009)는 다이어그램의 논리로 "도시구조의 건축"을 만들어 낸 전형적 사례다. 도시와 관련해서는, 매우 다른 각도에서지만, 도시재생이라는 근래의 패러다임을 주시할 만하다. 낙후된 도시 블록을 예술가의 공간으로 재탄생시킨 황순우(1960~)의 인천아트플랫폼(2004~2009)이 선보인 이슈다. 한편, 구조용 집성목을 조립해 만든 최삼영(1958~)의 갤러리 소소는 요사이 더 증대되는 목조건축에 대한 관심으로 인해 다시 볼 만하며, 조남호(1962~)의 작업과 견주면 흥미롭다. 하지만 조남호의 살구나무집(2009~2010)은 경골목구조를 활용한 점 이상으로 이 책이 다룬 유일한 '집'이어서 주목된다. 집 혹은 '주택'은 거주(Wohnen)뿐만 아니라 부동산 문제와도 관련하며, 우리 삶의 총체성을 담아야 하는 까닭에 '건축'과 구별해 보는 경우도 있다. 끝으로 프랑스 익스뛰 아키텍츠(Nicolas Desmaziéres, 1962~; Anouk Legendre, 1961~)가 설계한 전곡선사박물관은 해외 건축가의 디자인이라는 점, 그리고 동시대에 더 큰 화제였던 자하 하디드(Zaha Hadid, 1950~2016)의 DDP(동대문디자인플라자, 2007~2013)와 비교할 수 있다는 점 등으로 우리의 산책길에 다양성을 선사할 것이다.

이렇게 볼 때 이 책은 2000년대 사반세기 전반의 한국건축에서 나름 유의미한 사례로 구성됐다고 하겠다. 이제는 원로가 된 4.3그룹 멤버들의 작품으로부터 2011년 젊은건축가상 수상자의 작품까지 다뤘고, 한국 현대건축 최고의 걸작으로 손꼽히는 1970년대 김수근의 공간사옥을 포함한 '공간 콤플렉스'까지를 아울렀으니 말이다. '공간 콤플렉스'는 자체만으로도 한국 현대건축의 핵심 궤적을 가로지른다. 게다가 개별 건축가나 건축물과 관련된 이슈도 꽤 폭넓다. 앞서 일부만 언급했지만, 이 책은 2000년대 한국건축을 둘러싼 감각과 논리, 전통과 테크놀로지, 공간과 텍토닉, 도시적 맥락과 풍경, 리모델링, 도시재생, 목조건축, 일상과 거주 등의 주제에 두루 접해 있다. 아쉬운 점이라면, 대상 건축물이 주로 서울과 수도권에 몰려있다는 사실이다. 그리고 우리가 종종 건축사무소를 대형 사무소와 아틀리에로 양분해 보기도 하는데, 여기에 대규모 조직의 시스템이 만들어 낸 건축 사례가 부재함도 인지할 필요가 있다. 개별 건축가의 창작을 중시하는 건축가협회의 노선과 맞물린 것이기도 하고, 『건축가』 비평 섹션 주관자의 선호도나 대상 건축물의 답사 가능여부 같은 현실적 형편에도 기인한 바 컸으리라 생각된다. 즉, 이 책이 담은 열두 사례는 대부분 필자가 의도해 선택한 대상이기보다 이미 주어진 것이었는데(전쟁과여성인권박물관 하나는 필자의 추천에 의한 것이었다), 그럼에도 불구하고 열두 퍼즐이 모여 2000년대 한국건축의 풍경을 적절히 그려냈다고 말할 수 있겠다.

이쯤해서 2013년 말의 '공간 콤플렉스'를 다룬 글까지 열한 편이 서울과학기술대학교의 정만영 교수가 비평 섹션을 주관하던 때의 것임을 밝혀 두자. 당대 한국건축에 무지하던 신출내기 연구자를 현장으로 끌어내준 데 감사를 표하기 위함이기도 하고, 한국 현대건축에 대한 그의 통찰을 일부 인용하기 위해서이기도 하다. 정만영은 2010년의 한 글에서 '경험과 실험'이라는 양극적 개념 틀로 2000년대 첫 10년의 한국건축을 설명한 바 있다.[2] 1997년 아시아 금융위기의 절망과 2002년 한일 월

---

2   Mann-Young Chung, 'Experience and Experiment: South Korea, the

드컵의 환희는 이 양극적 개념의 외적 배경이었는데, 그의 관심은 익숙한 경험에 안주하기보다 현실적 제약을 넘어 새로움을 생성하는 실험과 혁신의 건축에 있었다. 필자가 종종 참조하는 앤서니 비들러의 모더니티(modernity) 개념과도 맥이 닿는다. 하지만 필자는 비평가 정만영이 경험 너머 실험을 촉구했던 것에 전폭 동의하면서도 이 책에 그와 조금 다른 뉘앙스를 담고자 했다. 경중에 차이가 있음에도 경험과 실험 모두를 한국 현대건축의 중요한 층위로 인정하는 점에서 그렇다. 처음 글을 쓸 당시 비평의 날이 아직 무뎌서일지도 모르나 기본적으로는 역사 연구에 바탕을 둔 필자의 입장 때문일 것이다.

이 책의 원래 글들이 비평 섹션에 실리긴 했지만 단상 수준에 머문 것도 많음을 고백해야겠다(당시 지면은 한 건축물에 대해 서너 명의 평자가 짧은 글을 싣는 형식이었다). 그러나 필자는 그 글이 단상이든 평론이든, 역사적 기록이라는 의식은 늘 했던 것 같다. 그런 의식이 공간사옥을 다루며 가장 뚜렷이 반영됐음은 물론이다. 그리고 이렇게 10여 년이 지나 묶어내니 이 책은 평론집이기도 하지만 오히려 근과거에 대한 역사 기록의 성격이 짙어졌다. 각 장은 네 개의 꼭지로 구성되는데, 각각 그 역할을 한다. 책의 핵심인 원 평론은 필자의 당시 인식을 보여주는 기록이고, '건축가의 말'은 건축가의 설계 의도를 나타낸다. 그리고 각 장 마지막의 건축 정보는 실무적 데이터의 기록이다. 이 세 개 꼭지는 『건축가』에 게재된 것을 기본으로 하는데, '건축가의 말' 중에는 일부의 예외가 있고(그 경우 해당 글 밑에 출처를 표기했다), 건축 정보는 여타의 자료나 이후의 내용을 더해 보완했다. 각 장 맨 앞의 소개글(파란색)은 현재적 관점

Vertigo of Urban Hyperdensity', in *Atlas: Architecture of the 21st Century, Asia and Pacific*, ed. Luis Fernández-Galiano (Bilbao: Fundación BBVA, 2010), pp. 156-165.

에서 대상 건축물과 원래 출판된 글을 역사화시키고자 한 꼭지다. 다른 장의 내용과 엮기도 하고 이전 역사나 이후 상황을 살피는 등으로 10여 년 전의 평론과 대상 사례를 지금 어떻게 읽어야 할지 안내한다. 독자마다 책 읽기 방식을 달리 할 수 있을 것이다. 처음부터 차례로 책을 읽어내려 가는 것이 정석이겠지만 원하는 장만 골라 읽어도 무방하다. 혹은 원래의 평론이나 '건축가의 말'을 꼭지별로 읽는 것도 방법이다. 대상 건축물과 건축가의 역사적 맥락을 개괄하기 원한다면 소개글만 먼저 볼 수도 있겠다. 책 뒤에는 건축답사를 원하는 이들을 위한 지도도 부가했다.

여기 내놓은 사례는 건축 당시 제각각 우리 건축계의 주목을 받은 유의미한 것들이지만, 뒤돌아보건대 상대적으로 소소한 건축물도 여럿이라고 생각된다. 그러나 되새김질하고 곱씹을 때 모두에서 은은히 우러나는 풍미를 느낄 수 있는 바, 이 책이 이런 반추의 과정을 통해 글머리에 제기했던 우리 건축 문화의 성숙과 담론 축적에 작으나마 기여할 수 있으면 좋겠다. 앞서 언급한 정만영의 글은 다음 문장으로 끝맺음한다. "'한국 현대건축은 바라볼 만한 가치가 있는가'라고 묻는다면, '그것은 보는 사람에게 달려있다'라고 대답할 수밖에 없다." 우리 산책길의 풍경도 그러하리라.

당초 이 책의 산책길을 구상하며 19세기의 파리와 1930년대 경성을 배회하던 모더니스트 예술가들을 떠올리기도 했다. 21세기 우리 도시의 산책자는 그들과 크게 다를지 모르지만, 그래도 혹자가 말했던 "역사의 초상을 붙잡으려는 시도"를 궁리해 볼 수는 있을 것이다.[3]

―――

3   Walter Benjamin, *Illuminations* (New York: Schocken Books, 1968), p. 11. 다음에서 재인용함: 조나단 헤일, 김현섭 옮김, 『건축을 사유하다: 건축이론 입문』 (서울: 고려대학교출판문화원, 2017), 188쪽.

마지막으로 이 책을 내는 데 도움을 준 이들에게 고마움을 표하고 싶다. 우선 한국 현대건축에 관한 글쓰기를 시작할 계기를 주신 정만영 교수께 깊은 감사를 전한다. 그때부터 지금까지 필자는 그와 꾸준히 교류하며 지적 자극을 받고 있는데, 이제 그는 정년퇴임을 눈앞에 두고 계신다. 『건축가』의 지면을 허락한 한국건축가협회에, 그리고 함께 답사를 다니고 글을 썼던 동학들과 글에 관심을 보이신 독자들께도 감사드린다. 이유출판의 이민, 유정미 선생께서는 먼저 필자를 찾아 여러 출판 프로젝트를 제안하셨다. 부끄러운 글을 모아 어여쁜 책으로 꾸며주시니 감사한 일이다. 각 건축물의 건축가들께서는 자신의 글을 싣는 것을 흔쾌히 허가하시고, 스케치와 도면 등의 자료 또한 보내주셨다. 사진가 김용관, 김재관, 박완순 선생께서도 귀한 사진을 기꺼이 제공하셨으며, 연구실 제자 최성광 군은 지앤아트스페이스 단면도의 재작도를 도왔다. 모두에게 감사의 마음을 전한다.

2025년 1월
김현섭

지질학자인 아버지를 따라 강원도 영월과 호주 태즈메이니아에서 유년기와 청소년기를 보낸 문훈(1968~)은 한국과 미국에서의 건축교육 및 실무를 거쳐 2001년 문훈건축발전소를 개소한다. 상상사진관(2003~2004)은 여러 공모전에서 연전연패하며 고배를 마시던 그가 실현한 초기 작품으로, 30대 후반의 젊은 그에게 2005년 한국건축가협회상의 영예를 안겨주었다. 특이했던 어린 시절의 경험 때문인지, 그때부터 몰두했던 그림 그리기 때문인지, 문훈의 남다른 상상력은 무미건조한 기존의 건축 관례를 깨뜨리는 독특함을 노출해왔다. 판타지, 페티시, 포르노필리아, 그리고 샤머니즘과 싸구려……. 이런 그가 자신의 또 다른 자아(alter ego)를 드라큘라로 여기는 건축주를 만나 구축한 "드라큘라의 성"이 바로 상상사진관이다. 하지만 이 초기작에 비교적 진중하게 표현된 그의 스토리는 뒤이은 작품에서는 훨씬 직설적으로 나타나는 경향을 보인다. 한마디로 "유치찬란 판타지"(『SPACE』, 2007.5)다. 이런 독특함이야말로 문훈을 기존의 엄숙한 건축계에서 돋보이게 하는 가치인데, '다행히도' 그는 (프로젝트에 따라 정도야 다르지만) 이 같은 유치찬란함을 잃지 않고 한국 건축계에 착근해 온 것 같다. 국내외 건축전문지와 이벤트와 대중매체가 꾸준히 그를 호출하고 있다는 사실이 이를 보여준다. 특히 2020년 두바이 엑스포의 한국관 설계자로 그가 역할했다는 사실은 더욱 그렇다. 여기에서 문훈은 입체 큐브들의 집합으로 변화하는 파사드를 만들어냄으로써 '스마트 코리아'의 기술과 창조력을 선보이고자 했다.

한편, 문훈에게 있어 구현된 건축물 못지않게 중요한 것이 드로잉, 더 정확히는 프리핸드 스케치임을 강조할 필요가 있다. 그의 스케치는 건축 디자인을 위한 수단이기도 하지만 자체로서 독립된 스토리와 판타지를 갖는 작품이기도 한데, 2016년 그의 스케치 여섯 점이 뉴욕 MoMA(Museum of Modern Art, 현대미술관)에 소장됐음을 인지하자. 그러고 보니 문훈은 자하재 모형이 MoMA에 소장된(2010) 김영준[6장]

과 여러모로 대비된다. 김영준의 건축이 엄격한 논리, 이성, 다이어그램에 근거하는 반면, 문훈의 건축은 직관적 감각, 놀이, 프리핸드 스케치와 함께하기 때문이다.

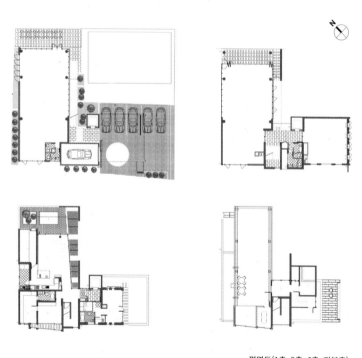

평면도(1층, 2층, 6층, 지붕층)

건축, 스토리, 그리고 판타지:
상상사진관에서 문훈을 상상하다

건축물이란 지어지면 어쨌든 거기에서 스토리가 발생하는 것이 당연하지만, 처음 설계부터 스토리를 가장 중요한 모티브로 담는 건축은 그리 많아 보이지 않는다. 놀이공원이라면 모를까, 일상적 건물에서는 보통 기능상의 프로그램과 경제성이 건축 과정의 대부분을 지배하기 때문이다. 그러나 "드라큘라의 성"이라는 괴이한 스토리를 그 디자인 동력으로 삼은 건축물이 있었으니, 괴짜 사진가 강영호가 괴짜 건축가 문훈에게 의뢰하여 설계한 상상사진관이 바로 그것이다. 자신의 또 다른 자아를 드라큘라로 여기는 건축주가 외부와 단절된 자기만의 자유로운 공간을 원했던 것이다.

드라큘라 성으로의 초대

홍대 앞 도로를 면한 L자형 대지에 노출콘크리트를 기조로 세워진 7층짜리 건물 상상사진관은 건축주의 사진 스튜디오와 주택뿐만 아니라 1~3층에 상업용 임대공간도 포함하고 있다. 범상치 않은 상부 매스의 분절 및 구성에도 불구하고, 사실 이 복합건축물의 외양에서 드라큘라의 성이라는 이미지를 직접적으로 찾기는 (다행히도) 쉽지 않다. 그나마 거친 콘크리트면과 하층부의 막돌쌓기가 아련한 기억 속에 음산했던 중세 유럽 성곽의 이미지를, 그리고 사선제한으로 경사지붕을 갖게 된 송판미늘 외장의 작은 방이 성곽 첨탑의 다락방을 멀찌감치 은유한다고나 할까? 오히려 드라큘라 스토리의 은밀함은 내부의 공간과 동선이 만들어 내는 플롯에, 특히 건축주만이 드나들 수 있는 비좁은 계단과 밀실의 미로에 드러난다 하겠다. 실내의 육중한 철문에 새겨 넣은 그로테스크한 열쇠문양 창은 오직 허가된 자만이 출입할 수 있음을 넌지시 말해준다. 비바람에 천둥치는 까만 밤, 축축한 하얀 드레스의 실신한 여인을 안고 밀실을 향해 계단을 오르는 드라큘라 백작의 조급한 발걸음은 흡혈의 성찬을 맛보기 위한 기대감으로 가득할 것이다.

건축주와 건축가가 교감하여 만들어낸 스토리의 건축적 구현은 그러했다. 그들의 스토리에 포함되어있는지는 모르나, 흡혈의 성찬 후 인간으로 환생한 드라큘라는 옥상에 정박한 비행정을 타고 또 다른 환상의 세계로 날아갈 것만 같다. 다소 엉뚱하고, 장난스럽고, 실제의 내부 공간에서 건축주가 어느 정도 불편함을 감내해야 했지만, 상상사진관은 2004년 말 완공된 이래 여러 매체에 출판되며 유명세를 탔고, 덕분에 문훈은 2005년 한국건축가협회상을 수상하며 한국 건축계에 일약 스타로 떠오르게 된다.

문훈의 '빨간 마후라'

그가 상상사진관을 비롯한 여러 프로젝트에서 보여 온 "유치찬란 판타지"(『SPACE』, 2007.5)는 기성 건축가들과는 구별된 자신만의 독특한 건축 영역을 개척케 했다. 여체를 몰래 보며 혼자서 키득거리는 사춘기 소년의 관음증과 포르노필리아, 그러나 굳이 그걸 감추려들지 않는 솔직한 일탈은 '묵동 다세대주택'(2003), '新몸'(2005), '일산21신경외과'(2006) 등 그의 건축물과 드로잉 상당수에서 발화된 주제다. 'S-MAHAL'(2007)의 펄럭이는 붉은 커튼과 많은 드로잉이 보여주는 부적(符籍) 투의 화법은 점집 닮은 그의 사무실과 함께 진한 컬트의 기운을 자아낸다. 그리고 결코 작동하지 못했던 르코르뷔지에 건축 메타포의 자동차, 유람선, 비행기가 문훈의 판타지 속 애니메이션에서는 훨훨 자유롭게 날아다닌다. 인도 타지마할 위를 비행하는 'S-MAHAL', 스포츠카가 되어 내달리는 '정선 Tale'(2009), 그리고 토끼와 함께 달나라를 꿈꾸는 '옹달샘'(2007~)을 보라. 그가 이러한 작품들을 통해 진설한 산해진미는 - 필자가 이전에 쓴 글을 빌자면(「한국 현대건축, 그 파편들의 콜라쥬」, 『건축』, 2009.9) - "현대건축이라는 용기에 정통으로부터의 일탈을 한 움큼 넣고, 섹슈얼리티 두 스푼, 사이비 컬트 한 스푼에 약간의 어눌한 공상과학적 조미료를 적당히 버무려낸 문훈만의 특선 요리이다. 이 모든 건물에는 스토리가 있고, 결국 각 건물은 새빨간 불꽃을 내뿜으며 달나라든 어디든 현실 너머 환상의 세계로 날아간다. 한마디로 그의 건축은 지나치게 진지한 우리네 건축문화에 유쾌한 상상력을 불어넣었다고나 할까? 레비우스 우즈(Lebbeus Woods)의 스케치에 어딘지 모를 미래 문명에 대한 어두움이 내포되어있다면, 문훈의 드로잉은 여전히 쾌활하고 낙천적이다. 정작으로 '유치'하여 '찬란'하다. 그동안 '호모 사피엔스'에 억눌렸던 '호모 루덴스'의 '놀이'가 지극히 보수적인 건축의 영역에 외설적인 모습으로 물질화된 셈이다. 언제까지 그의 '옹달샘'이 달나라 토끼를 맞이할 수 있을지 두고 볼 일이나, 아직 그의 파티가 끝나지 않은 것만은 사실인 듯하다."

문훈은 계속해서 우리에게 피터 팬으로 남아줄 수 있을까? 그에게도 진화가 필요하겠지만, 그가 만약 현실을 현실적으로 바라보게 되는 날이 온다면 우리가 더 이상 그를 필요로 하지 않을지도 모른다. '엉큼한' 문훈은 이 사실을 잘 알고 있을 게다. 그래서 오늘도 그는 '빨간 마후라'를 두르며 둔탁한 언어로 환상을 달린다.

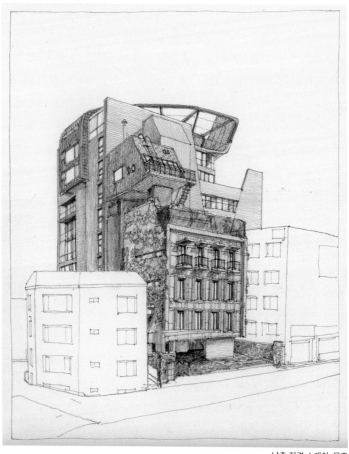

남측 전경 스케치, 문훈

한국 현대건축 산책

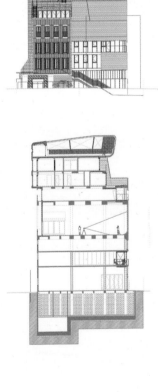

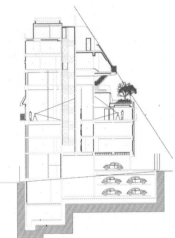

입면도(남동, 남서) 및 단면도

남동측 입면의 일부

건축주 개인 공간의 외관: 개인용 계단, 경사지붕, 송판미늘이 눈에 띔

한국 현대건축 산책

상상사진관 콜라주, 문훈

건축가의 말

건축발전소를 시작한지 벌써 3년 하고도 몇 개월이 지났다. 그 바로 전 선배사무실 귀퉁이에서 열심히 건축공모전에 도전했던, 즐겼던 순간들이 있었다. 거의 일 년 간 줄기차게 매일 자정이 넘도록 키보드를 소리 나게 두드렸다. '실망스러웠다.' 아홉 개에 도전했지만 당선작은 하나도 없었다. '화가 났었다.' 당선작들은 너무나도 건조했다. 그 후 현재까지 공모전은 참여하지 않고 있다. 의식하진 못했지만 헛스윙들에 상처를 입었던 모양이다.

유학시절, 뻔뻔하고 무식하고 막연하게 서양에 대항했던 적이 있었다. 그 이유는 첫 학기 수업의, 서양의 방법론을 통한 결과물이 그냥 본능적으로 대했던 건축보다 훨씬 못했기 때문이었다. 물론 노력과 적응이 부족했을 수도 있지만……. 어쨌든 서양에서 영향을 많이 받은 내가 모순을 품기 시작했다. 졸업을 앞두고 조로한 건축학도는 르코르뷔지에의 라투레트 방문에 희망을 걸었다. "과연 건축이 감동을 전달할 수 있을까?"하는 의문을 품고서 말이다.

다세대주택을 줄기차게 했다. 7개 정도 설계했고 지어진 것은 3개다. 역부족을 느꼈다. 아무런 대책 없는 나는 운에 기댈 수밖에 없었다. 딱 한 개 건졌다. 최대 연면적 외에는 별다른 큰 요구가 없는 건축주, 그리고 토목쟁이의 너그러운 건축공사 입문기에 의해서다.

상상사진관은 이야기 만들기다. 모던 아키텍쳐는 분명 서양을 본거지로 하고 있고, 우리는 그에 대하여 모방, 흠모, 영향, 수용, 맹목적 사랑, 질투, 거부, 직수입, 간접 수입 등으로 반응하고 있다. 모던 아키텍쳐어는 그래야만 하는 듯한 이론과 모습으로 우리 삶을 건조하게 소독하고 있는 것 같다. 나는 한 건축주의 아주 개인적 판타지를 통해, 그와 그의 정체성과 건축가의 정체성의 충돌과 화합을 통하여 어떤 이야기를 만들어내고 싶었던 것이다.

건축은 그 무엇도 될 수 있다는 믿음이 생긴다. 또한 시간과 시대와, 동과 서를 막론한 그 모든 것이 될 수도 있다고 생각된다. 그 누군가 얘기해 주었다. 상상사진관은 '변상도(變相圖)' 같기도 하다고……

나는 상상사진관의 구축을 통해 훨씬 더 자유로워졌다.

_ 문훈

(2005년 1월 『건축문화』에 실린 것이 『건축가』에 다시 게재됨)

설계: 문훈(문훈건축발전소) + 건축사사무소D.N **위치:** 서울시 마포구 서교동 358-18 외 **용도:** 근린생활시설, 사진관, 주택 **대지면적:** 461.60㎡ **건축면적:** 270.07㎡ **연면적:** 1,706.91㎡ **건폐율:** 58.51% **용적률:** 298.70% **규모:** 지하 1층, 지상 7층 **구조:** 철근콘크리트조 **외부마감:** 노출콘크리트, 적삼목, 징크판 거멀접기, 익스팬디드메탈(아연도금) **내부마감:** 압출성형시멘트패널, C-Black 버너구이, 익스팬디드메탈(아연도금) **설계:** 2003.3~2003.9 **시공:** 2003.10~2004.11 **주요 수상:** 2005년 한국건축가협회상 **주요 출판:** 『SPACE』(2003.11 & 2005.1), 『건축문화』(2005.1), 『건축가』(2010.3/4)

4.3그룹은 1990년 결성된 30~40대 젊은 건축가 14인의 모임이었는데, 그들 다수가 전통의 마당이나 도시의 길이라는 개념을 탐구하고 여러 방식으로 적용했음은 잘 알려진 사실이다. 이는 기능주의적 모더니즘을 극복하기 위해 이 땅의 역사와 현실을 재해석하고자 했던 노력의 결과였다. 민현식이 전통의 마당으로부터 "비움의 구축"이라는 명제를 내세운 것, 승효상이 수졸당(1992~1993)의 마당을 "도시의 길에 이어진 골목의 연장"으로 여긴 것이 대표적이다. 이 모임에 참여했던 방철린(1948~)역시도 이런 개념을 적극 활용했다. (이 책이 다룬 건축가들 가운데 조성룡[4장]과 이성관[7장]도 4.3그룹 멤버임을 먼저 말해두자.) "길도, 담도, 마당도, 우리의 마을도, 본래의 의미를 되찾아야 한다." 1992년 4.3그룹 전시회에 '탁심정(濯心亭)이 있는 마을' 계획안을 출품하며 삽입한 문구다. 그가 당시 이런 개념을 보다 구체적으로 실현한 사례로는, 길의 흐름을 주거용 건물로 끌어 온 연남동 다가구주택 '스텝'(1994~1995)과 옥상의 보이드(void)를 수졸당의 '마루마당'처럼 꾸민 다가구주택 '하늘마당'(1996~1997)이 두드러진다. 2000년대 들어서도 방철린은 유사한 아이디어를 이어갔는데, 파주출판도시의 탄탄스토리하우스 (2004~2006)에서도 그렇다. 이 건물에 대한 그의 소개문에 표현된 "가급적 동선을 길게", "천천히 걷도록" 등의 문구를 보자. 이는 앞서 거론한 길의 의미를 반추케 하며, 4.3그룹의 동료 이성관이 탄허대종사기념박물관[7장]에서 말한 "과정적 공간"의 길도 떠올리게 한다. 또한 다가구주택 이름이었던 '하늘마당'이 탄탄스토리하우스에서도 언급됨은 이것이 그의 대표적 건축 어휘가 됐음을 보여주는 바이기도 하다.

한편, 방철린이 이 건물에서 단일한 목적만이 아닌 다양한 프로그램을 위한 융통성 있는 공간을 계획했다고 내세운 점은 그 세대 건축가들이 천착했던 서구 기능주의에 대한 반성적 입장을 보여준다. 물론 한국 전통 건축의 공간이 (마당에서 보듯) 다양한 쓰임새를 갖는다는 인식이 기저에

깔려있을 것이다. 여유 있고 이완된 공간에 대한 이 같은 열망은 건물 매스를 살짝 비트는 방식으로도 나타났는데, 내부 공간뿐만 아니라 외부 조형의 변화를 주는 효과도 뚜렷하다. 필자가 "트위스트 효과"라는 말로 주목한 특성이다. 사실 비슷한 효과가 1992년 '탁심정이 있는 마을'의 단위 주호에서도 이미 시도됐었다. (연남동 '스텝'의 사선 계단에서도 희미하게나마 그런 효과가 감지된다.) 그런데 이 모든 탄탄스토리하우스 디자인의 바탕에는 디지털화된 현대 사회의 폐해를 아날로그적 방식으로 극복하겠다는 건축가의 입장이 분명했다. 이로써 공동체 의식과 정서적 안정을 회복하겠다는 것이다. 그러나 건축가의 선한 의도가 너무도 바람직함에도 불구하고, 계속해서 업데이트되는 현대 도시사회의 요구를 그처럼 목가적인 방식만으로 대응하는 것은 다소 역부족인 듯싶다. 도시의 현실에 반응했던 김영준[6장]에게서 변화된 사회상에 대한 인식이 감지된다. 여기에 더 젊은 세대 건축가들의 참신한 대응 방식이 요청되는 셈인데, 이 책이 다룬 문훈의 유희적 판타지[1장]와 김찬중의 새로운 생산 시스템[10장]도 그런 도전에 대한 응전의 예일 것이다.

『건축가』, 2011.5/6

트위스트 효과:
방철린의 파주출판도시 탄탄스토리하우스 스토리

———————

파주출판도시 탄탄스토리하우스의 스토리는 상부의 기다란 사각형 상자를 하부구조로부터 살짝 회전시키는 것에서 시작한다. 정박했던 배가 방향전환을 위해 서서히 몸통을 돌리는 형국과 흡사하다고나 할까? 일견 하부나 양쪽의 여러 직각 매스들이 제각기 솟아오르며 이에 저항하는 듯도 보이지만, 종국에는 그 주연의 연기를 보조함으로써 존재근거를 획득한다. 그만큼 상부 매스는 체적으로든 뒤튼 몸짓으로든 이 건물에 있어서 지배적이고 결정적이다.

탄탄스토리하우스를 위해 건축가 방철린에게 부여된 땅은 동쪽으로 심학산을 등지며 한강 쪽의 서편으로는 삼거리 자동차도로와 마주하고 있는 대지다. 산과 강 사이의 공간 흐름을 위해 – 민현식의 말을 빌면 "수로에 직교하여 땅을 동서로 가로지르는 여러 녹도(綠道, green corridor)들"을 위해(『건축에게 시대를 묻다』, 2006) – 이 일대 건물들은 대개 기다란 몸체를 꾸미며 도로에 면한 쪽을 단변으로 갖게 되어 있다. 그러나 이 프로젝트에서 직교좌표를 고수한다면, 건물 매스를 남쪽 대지경계선에 밀착시키지 않는 이상, 건물의 단변은 삼거리 교차점으로부터 상당히 소원해지게 된다. 다시 말해 그 상태로는 동서 방향인 회동길을 따라 이 대지에 접근할 때 (건물의 정면을 정면으로 응시하지 못함으로 인해) 전체 건물의 존재감이 미약할 수밖에 없다는 뜻이다. 이에 대한 건축가의 해결책이 바로 기다란 매스를 살짝 돌려 단변을, 즉 건물의 얼굴을 교차점으로 향하게 하는 것이었다. 콘텍스트에 대한 선 굵은 제스처다.

이 같은 상부 매스의 트위스트(twist)는 도로와의 관계맺기 이외에도 다양한 효과를 유발한다. 우선은 도로와 직각체계를 유지하고 있는 매스들과의 중첩 및 관입으로 형성된 비직교적(non-orthogonal) 공간이 가장 특징적이라 할 수 있다. 1~2층에서는 상부 매스의 뒤튼 흔적이 계단실 및 이와 인접한 공간에서만 희미하게 암시되지만, 3층에 와서는 장축 양끝의 사무실과 창고에서 이런 추임새가 명확해지고, 이윽고 4층에 이르면 그 레벨의 주공간인 전시실과 북카페에서 비직교적 공간이 만개한다. 질서와 효율성을 주는 대신 때때로 관리와 통제의 도구가 되는 사각형의 직교 공간과 비교하면, 이런 공간은 좀 더 자유롭고 이완된 분위기를 연출하며(물론 이 건물에서의 비직교 공간도 여전히 제한된 범위에서 형성되어 긴장의 끈을 놓을 수 없으나), 모든 사물을 소실점으로 집중시키는 근대의 투시도적 인식에 반기를 든다. 이들은 가히 '예견된 우발적 공간(expected accidental space)'이라 부를 수 있으리라. 1층 공연장의 좌석배치와 4층 북카페의 레이아웃이야말로 이 둘의 양상을 대조적으로 보여주는 전형적인 예라 하겠다. 연남동 다세대주택 '스텝'(1995)의 계단실에서 실험된 사선이 10년을 지나 탄탄스토리하우스에서 총체적으로 도입된 셈이다.

또 다른 트위스트 효과는 중첩된 매스 사이의 자투리 공간이 천창이나 발코니로 사용된 데에 나타난다. 물론 상하부 매스가 나란히 포개어졌어도 다른 방식을 통해 천창과 발코니를 둘 수 있지만, 매스들의 비직교 관입은 예각과 둔각의 모서리에서 이런 건축요소의 맺고 끊음에 대한 구실과 기준이 되어준다. 한편, 외부에서 감지되는 착시현상 역시 상부 매스의 회전이 주는 빼놓을 수 없는 효과다. 주차장을 면하는 주 출입구 쪽 파사드를 보라. 시선으로부터 상부 매스 동서 양끝까지의 거리 차로 인해 평지붕의 건물이 마치 경사지붕으로 보이지 않는가? 이런 현상은 반대쪽 입면으로 오면 반전된 경사의 물매로 치환된다.

이 모든 효과들의 근원은 결국 주어진 콘텍스트에 대한 건축가의 대응이라 말할 수 있다. 주어진 지형 조건과 도로체계에 대한 민감한 반응이 기다란 상부 매스의 트위스트라는 건물 전체의 밑그림을 그렸기 때문이다. 물론 이것은 동일한 상황 가운데에서도 건축가의 해법이 다양하므로, 선행조건이 모든 것을 재단한다는 결정론적 사고와는 크게 다르다. 이처럼 대지의 콘텍스트를 준거로 삼는 방철린과 그 세대 건축가들의 여전한 디자인 방법론은 좀 더 젊은 건축가들, 특히 현대도시의 정지(整地)된 공간에서 땅의 특수성을 논하길 거부하는 김영준의 그것과 흥미로운 대비를 이룬다. 탄탄스토리하우스로부터 서쪽으로 두어 블록 건너편에 위치한 김영준의 학현사(도서출판 양서원)는 외부 조건과는 무관하게 내면으로 침잠하며 스스로의 논리만으로 유희한다[6장]. 그러나 과연 익명적 현대 도시구조라 하여 완전한 콘텍스트의 말소가 가능할까? 초기의 주택 시리즈를 통해 형태 자체만의 내적 논리에 충실했던 피터 아이젠만도 웩스너센터(Wexner Center for the Visual Arts, 1983~1989)를 위시한 후기 작품에서는 주어진 도시체계와 역사의 기억을 차용하지 않았던가. 좀 다른 맥락의 이야기였지만 게오르크 루카치가, 논평이 결여된 사실들만의 단순한 나열에도 이미 '해석'이 내포되어 있다고 말한 것은 멀찌감치나마 중요한 사실을 시사한다. 아무리 익명의 도시구조라도 지구 위의 한 장소를 점유하는 이상, 그리고 특히 대지경계선이 마름되면 더더욱, 이미 그 장소만의 특수성을 획득하게 된다는 사실 말이다. 이것이 방철린의 탄탄스토리하우스가 역설하고 있는 탄탄한 건축을 위한 스토리이다. 그러나 이 스토리에도 아직은 반전이 남아있다.

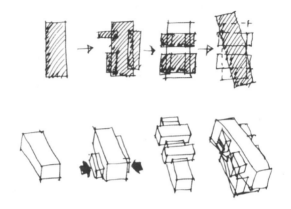

개념 스케치, 방철린

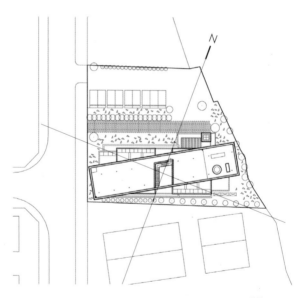

배치도

한국 현대건축 산책

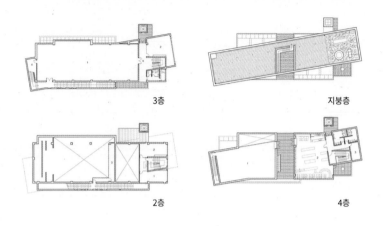

3층   지붕층

2층   4층

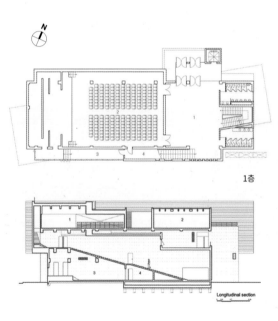

1층

Longitudinal section

평면도 및 단면도

방철린의 탄탄스토리하우스   37

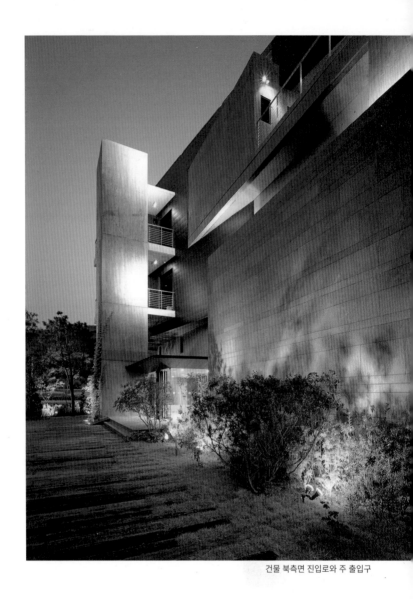

건물 북측면 진입로와 주 출입구

한국 현대건축 산책

하늘마당

4층 북카페

방철린의 탄탄스토리하우스

계단실

한국 현대건축 산책

건축가의 말

탄탄스토리하우스는 공연장과 전시장으로 구성되어있다. 어린이들은 이곳에서 동화 속의 주인공을 만나고, 그 책 속 삽화의 원화를 볼 수 있으며, 구연동화를 들을 수 있는 흥미로운 어린이 시설이다. 파주출판도시의 6섹터에 위치한 대지는 동쪽으로는 심학산, 서쪽으로는 출판도시의 주 진입도로 방향으로 열려있었으며, 파주출판도시 마스터플랜상 이곳의 건축 유형은 기다란 직육면체의 일자형 거젤 유형으로 지정되어 도시 환경의 흐름에 순응하는 형상을 하고 있었다.

양과 음으로 구성된 동양의 이진법이 그렇듯이 아날로그 세상에서는 이거냐 저거냐(양과 음)를 선택하면서 눈에 거슬리는 것도 참고 견디면서 선별적으로 받아들이는 지혜로 살아왔다. 현대인은 생활 모두가 디지털화된 세상 속에서 이루어진다. 나이가 어린 사람들일수록 디지털화가 더 되어있는 세상을 산다. 아날로그 이진법과는 달리 0과 1로 구성된 라이프니츠의 이진법으로 만들어진 디지털 세상에서는 '이거냐 저거냐'의 선택의 논리가 아닌 '살리느냐 없애느냐'의 논리로 사물을 만들어간다. 그러니 깨끗하고 무결점의 세계만을 추구하고 사람 관계마저도 무결점이어야 인정한다. 그래서 성격도 급해지고 참을성도 없는 세계가 되었다. 이럴 때일수록 우리가 사는 건축은 좀 더 아날로그적이어서 디지털화되어가는 사람의 심성을 중화시켜야 한다는 생각을 해왔다.

건축에서 어떻게 하면 좀 더 아날로그적으로 될 수 있을까? 가급적 동선을 길게 함으로써, 짧은 편리함보다 풍부함과 여유가 필요하다고 보았다. 이곳 로비는 전면도로에서 제일 먼 쪽에 배치하고 진입로를 길게 만들어 이곳을 여유 있게 걸어서 진입하도록 하였다. 로비에 들어서면 로비의 가장 먼 쪽에 주 계단을 두어 상승부에 오르려면 가장 긴 방향으로 걸어올라 가야 한다. 계단 옆으로 난 다양한 크기의 창 속 장식품이 유아들에게 천천히 걷도록 시선을 유도한다.

목적이 분명한 실들로 구성된 건축은 사람에게서 창조 능력을 빼앗아간다고 생각한다. 한국 전통건축의 공간들은 한 개의 목적만을 위해 공간을 만들지 않고 그곳을 운영하는 사람의 지혜에 따라 여러 가지 형태의 쓸모를 가질 수 있도록 되어있음을 본다. 이곳 탄탄스토리하우스는 이렇게 공간 쓰임새를 다변화하도록 디자인되었다. 공연장도 전시장도 사용자의 지혜에 따라 다양한 프로그램을 이곳에서 수행할 수 있고, 이곳을 방문하는 어린이들은 항상 새로운 형태의 공간 쓰임새를 만날 수 있다.

탄탄스토리하우스는 동서 방향으로 길게 자리하고 있다. 긴 몸체 때문에 생기는 남북 간의 시선 차단을 해소하기 위해 4층의 가운데 부분에 하늘마당을 두어 공간의 다양성을 추구함과 동시에 남북 간의 소통을 꾀하였다.

이 건축물은 크게 네 개 덩어리의 결합으로 구성하였다. 이 덩어리들은 서로 결합되면서 덩어리와 덩어리가 만나는 곳에 천창, 베란다 등을 배치시킬 수가 있었고, 상하층을 오픈시켜 안팎의 공간에 변화들을 줄 수 있어 건축에 여유와 생기를 불어넣을 수 있었다. 최상부의 긴 덩어리는 옆으로 살짝 틀어서 배치하였는데, 이것은 이 부지로의 진입로가 이 탄탄스토리하우스의 건축물의 단변과 직교 방향으로 면해 있기 때문에 약간 비틀어진 각도로 건축물을 보게 함으로써 긴장감을 해소하고 입체적인 파사드의 효과를 얻어내기 위함이었다.

이 덩어리들의 마감은 노출콘크리트, 송판 노출콘크리트, 화강석 잔다듬, 검정색 징크판 등 네 가지 재료를 사용하였다. 이는 서로 다른 속성을 가진 재료로 마감된 덩어리를 대비시킴으로써 이 건축물이 다른 덩어리들로 결합되어있음을 강조하기 위함이다. 그 결과 이곳을 찾는 방문자는 층마다 다른 프로그램의 기능과 함께 다양한 형태의 건축물과 대화를 하게 된다.

탄탄스토리하우스는 디지털로 점철된 현대 사회에 노출되어 있는 어린이들에게 다른 사람을 만나고 또 알게 되고 하는 과정을 통하여 공동체적인 의식을 갖게 함은 물론, 디지털 세계 속에서의 정서적인 안정감을 주게 될 것으로 기대한다.

_방철린

설계: 방철린(칸종합건축사사무소(주)) **위치:** 경기도 파주시 문발동 519-1, 파주출판도시 **용도:** 전시장, 업무시설 **대지면적:** 1,629.00㎡ **건축면적:** 581.52㎡ **연면적:** 1,679.10㎡ **건폐율:** 35.69% **용적률:** 95.95% **규모:** 지하 1층, 지상 4층 **구조:** 철근콘크리트조 **외부마감:** 노출콘크리트, 징크판, 후동석 버너구이, 복층유리 **내부마감:** 노출콘크리트, 석고보드 위 수성페인트, 나무뿌리 흡음보드, 합판 위 고급 래커 **설계:** 2004.10~2005.3 **시공:** 2005.4~2006.7 **주요 출판:** 『건축문화』(2006.2), 『건축사』(2006.7), 『건축가』(2011.5/6)

03

2006
최삼영의 갤러리 소소

경기도 파주시 헤이리예술마을

근래 들어 점점 더 커지고 있는 목조건축에 대한 관심은 앞으로도 계속 확대되리라 생각된다. 여기에는 국가 차원의 정책적 관심도 한몫하는 것 같은데, 전 지구적 환경문제에 대한 대응은 이제 선택이 아닌 필수가 돼버렸다. 2022년 발간된 『대한민국목조건축대전 20주년 기념집』에 따라붙은 '친환경', '탄소중립', '기후변화 대응' 등의 키워드를 보라. 물론 당장에 직면한 현실적 이슈가 불거지기 이전, 현대건축의 철근콘크리트와 철골 구조가 상징하는 정서적 거리감은 일찌감치 우리로 하여금 친밀감, 유연성, 융통성을 내포한 목조건축의 가능성에 눈길을 끌게 했다. 오랜 역사에 걸쳐 우리와 함께 해온 한옥과의 친연성도 그 요인에 추가될 수 있을 것이다. 도시한옥이 쇠퇴하던 1960년대부터 재래의 목구조가 산업화 시스템에 안착하지 못하고 한동안 공백을 남겼다면, 이후 그 빈자리는 해외에서 수입된 경골목구조(2×4)나 글루램(glulam, 구조용 집성재) 등을 활용한 현대적 공법이 메우게 됐다. 지금은 현대 목구조에 대한 국내의 기술도 일정 부분 진척되기는 했지만, 산업적 기반은 아직 취약해 보인다. 이 같은 근래 한국 목조건축 흐름의 한 단면은 최삼영(1958~)의 작업에서도 읽힌다. 2007년 목조건축대전 본상을 수상한 헤이리예술마을의 갤러리 소소(2006)는 이런 현실에서 가능성을 탐색한 그의 대표작이다.

최삼영은 갤러리 소소의 목구조를 한국과 일본의 여러 주체가 함께 실험해 얻은 공동의 연구결과로 여기며, 공장에서 미리 재단된 글루램 부재를 현장에서 하루 만에 조립 시공한 점을 특기한다. 그리고 구조체와 구분된 가변적 인테리어의 융통성, 목구조 부재의 재활용 가능성 등을 높이 샀다. 그러나 목구조 자체의 장점 못지않게 중요한 점은 이것이 철근콘크리트 구조와 적절히 복합되는 가운데, 목재의 따뜻함에 더한 유리상자의 현대적 세련미를 발산한다는 사실일 것이다. 목조건축에서 흔히 발견되는 진부함을 소소하게나마 넘어선 지점이다. 그리고 겸손히 주변 산자락에 스며들어 자연과 조화한 자세에서도 "소소한 구축의 미덕"

을 보여준다. 같은 헤이리에 최삼영이 철근콘크리트 구조로 설계한 터치아트 갤러리(2005~2006)에서든, 여러 상으로 주목받은 진주휴게소(2009~2010)나 갤러리 소소에 덧붙여진 소소헌(2010~2011) 등의 여타 목조건축에서든, 이런 미덕이 얼마나 감지되는지 모르겠다. 그럼에도 불구하고 목조건축의 혁신은 자재의 수급으로부터 공업화 시스템에 이르는 산업 전반의 측면에서, 그리고 텍토닉, 디테일, 미학과 관련한 개별 건축가의 디자인적 측면에서 앞으로 더 크게 진행돼야 할 것이다. 최근의 사례 가운데서는, 예컨대, 살구나무집[8장]을 설계한 조남호의 '숨쉬는 그물'(2023)과 '숨쉬는 폴리'(2023) 및 이를 둘러싼 논의가 흥미롭다.

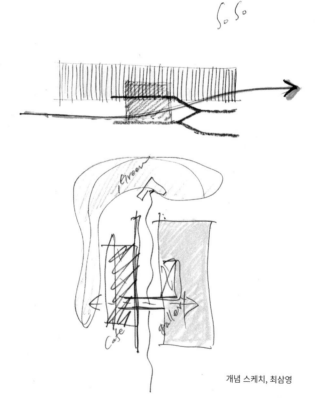

개념 스케치, 최삼영

『건축가』, 2009.7/8

'날것'과 '익힌 것':
갤러리 소소와 최삼영의 소소한 구축

사실 갤러리 소소를 본 게 이번이 처음은 아니다. 언젠가 황급히 헤이리를 가로지르던 나는 우연히 마주친 작은 건물 하나에 잠시나마 발걸음을 멈추고 카메라 플래시를 터뜨린 적이 있다. 헤이리 한복판의 현란한 건축 어휘들에 지쳤던 내게 이 갤러리는 왠지 모를 청량감을 주었던 것이다. 나중에 알게 되었지만 이 건물은 가와건축의 최삼영이 목구조를 실험적으로 사용하기 위해 건축가이자 건축주로서 설계한 거란다. 그 건물을 그 건축가 자신의 안내로 다시 보게 된 것은 큰 행운이라 하겠다.

갤러리 소소는 2006년 이 동네 끝자락의 자투리 경사지에 세워진 연면적 273.74㎡(약 83평)의 자그마한 건물이다. 처음부터 미술관이라는 특정 기능을 생각하고 디자인한 것은 아니지만 현재 주 몸체인 남측 복층 부분이 갤러리로 사용된다. 전면에서 보일 듯 말 듯 산자락에 몸을 가린 북측의 단층 부분은 카페로 사용되는데 그 옥상에 야외 테라스를 이고 있다. 그리고 이 갤러리와 카페 사이는 대지의 경사를 따르는 계단이 가로지르며 두 영역을 구분함과 동시에 연결한다. 더불어 갤러리 2층과 카페의 옥상 테라스를 연결하는 브리지를 둠으로써 방문자의 동선에 즐거운 선택의 여지를 준다 하겠다. 간략화해 말하자면 기능적으로는 '봉사받는 공간(served space)'과 '봉사하는 공간(servant space)'이, 매스로서는 '머리(head)'와 '꼬리(tail)'라는 요소가 위계를 이루며 관계 맺고 있는 것이다. 한편, 도로를 면해 갤러리의 반쯤이 필로티로 띄워져 방문자를 유도하고, 그 전후면과 북측면이 유리로 둘러싸여 건물 전체의 인상을 좌우한다. 그리고 외부 공간과 마찬가지로 산지의 경사를 따르는 내부는 그 공간이 수직적으로 분화되어 1층, 1.5층, 2층의 레벨을 갖는다. 이러한 수직적 공간분화는 직사각형이라는 그 평면적 단순함과 크게 대조를 이루며 자칫 밋밋할 수 있는 내부에 다양한 이벤트를 가능케 한다.

내가 최삼영의 갤러리 소소에서 가장 먼저 떠올린 것은 미스 반 데어 로에의 건축이다. 미스의 그림자야 그 어떤 현대건축 작품에서든 발견할 수 있는 바이지만, 골조체와 유리상자의 결합이나 이러한 구축을 위해 건축가가 선행한 디테일에 대한 철저한 연구, 그리고 그것이 건물의 주요 미학으로 작용했다는 점에서 미스의 굵직한 흔적을 지울 수 없다. 허나 몇 세대 전 기계시대 근대건축의 정점을 찍었던 근대건축가의 교리가 우리 현대건축의 작품에 그대로 나타날 리는 만무하다. 가장 큰 차이라면 역시 목재의 사용이다. 미스의 차가운 강철이 줬던 날카로운 아름다움이 짐짓 인간의 정서에 태연한 듯한 몸짓을 보였다면, 나무가 갖는 체온과 숨결은 우리의 그것과 그리 다른 것 같지 않다. 갤러리 내부 공간을 떠받치는 기둥과 보의 글루램 목골조는 최삼영의 자랑으로 일본 연구소와 만들어낸 합작품이다. 미리 재단되어 물 건너온 이 시스템이 정말 친환경하냐에 대해서는 아직 부득이한 논란이 있겠으나, 우리와 심리적 거리가 더 가까운 재료를 세련된 현대공법에 맞게 적용했다는 사실은 의당 높이 살 만하다. 외관에서 느꼈던 다소 쿨(cool)한 이미지는 내부에서 골조뿐 아니라 바닥과 천장을 뒤덮은 나무로 인해 따스한 온기를 갖는다.

물론 이러한 온기는 역시 목재로 내외장된 카페 동으로 더 적극 옮아가는데, 특히 목재 데크의 옥상 테라스 공간에 와서는 재단된 나무와 자연의 나무 사이 교감이 충만해진다. 어디까지가 내부이고 어디까지가 외부인가? 혹은, 어디까지가 인공이고 어디까지가 자연인가? 주어진 대지의 지형을 따라 건물을 놓을 때부터 자연과의 대화는 시작되었고, 거드름 피우지 않고 작은 몸 땅에 밀착한 모습이 그 이름처럼 소소한 구축의 미덕을 보여준다. 레비스트로스가 제시했듯 자연의 세계[the raw]와 인간의 문화[the cooked] 사이에는 끝없는 긴장과 변증이 존재한다. '익힌 것'에 지나치게 천착했던 것이 미스 등 여러 근대주의자들의 모습이었다면 지금의 현대인들은 '날것'이 주는 원초적인 풋풋한 맛을 그리워하고 있지 않나? 최삼영이 갤러리 소소에서 담아낸 '날것'과 '익힌 것'의 소박한 배합, 바로 이것이 나의 구미를 당겼던 이유일 게다.

뉘엿뉘엿 태양이 저물어 간다. 풀내음 싱그럽다. 석양빛이 갤러리 유리면에 반사되면 숲속마을 나뭇가지들도 슬그머니 그 모습을 드러내며 한밤의 판타스마고리아를 준비할 태세다. 이 작은 건물의 테라스에서 누릴 수 있는 최고의 사치다.

1st FLOOR

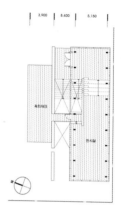

2nd FLOOR

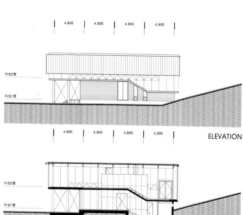

ELEVATION

SECTION

평면도, 입면도, 단면도

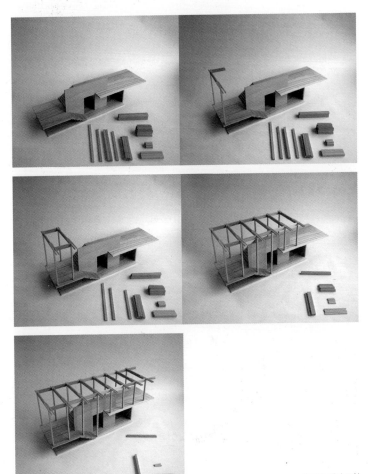

목구조 개념 모형

갤러리 1층 실내

갤러리 2층 실내

한국 현대건축 산책

갤러리와 카페 사이의 길

건축가의 말

갤러리 소소는 인공 조림된 리기다소나무와 잡목으로 이루어진 경사지의 건축물이다. 건물 두 매스 사이의 길을 통해 건축과 자연의 긴밀한 대화를 유도하며 환경을 적극 배려했다. 기존 자연질서와의 긴밀한 결합, 싸게 지을 수 있는 공법의 선택, 가볍고 소박한 조형으로 주변을 압도하지 않는 겸손하고도 단아한 형태가 계획의 전제였다. 1층 땅속에 앉히는 카페동과 갤러리는 콘크리트 구조를 기본으로 시공해 두 동의 조화를 이루었다.

갤러리 1, 2층은 목재 라멘조의 기둥으로 통합시키며 숲을 향해 열어 두었다. 진입은 두 동 사이를 흐르는 숲을 향한 관통 과정에 두었으며, 카페 상부 데크에서는 기존 동산의 숲과 갤러리 창에 비춰지는 허상의 숲 사이에 놓인 즐거움을 누린다. 건물 목구조는 일본의 미야자키 목조기술연구소와 서울대 농업생명과학대학이 참여하고, 미야자키현청과 목조전문시공사인 스튜가의 협조와 참여로 진행된 한일 목조 공동연구프로젝트의 결과인 셈이다. 특히 국내에는 사례가 없는 프리컷(precut)이 전제된 목조 라멘조로서, 시험적 성격이 강한 테스트 하우스이다. 수차례 일본을 오가며 실험체를 만들고 부숴보며 데이터를 만들었고, 그 결과를 바탕으로 공장에서 프리컷을 하여 단 하루 만에 조립 시공을 한 목구조의 새로운 시도라는 데 의미가 있다고 본다. 빠른 시공과 재활용이 가능한 환경친화적인 건축이 앞으로 추구해 나가야 할 미래형 목조건축이라고 규정짓고, 이를 위한 제안으로 'Skeleton and Infill'의 개념을 설정했으며, 변화에 대응하기 쉬운 목구조 대안을 실험하게 된 것이다.

_최삼영

갤러리 유리면에 반사된 숲과 나무

설계: 최삼영(㈜가와종합건축사사무소) **위치:** 경기도 파주시 탄현면 법흥리 1652-569, 헤이리예술마을 **용도:** 갤러리, 카페, 사무실 **대지면적:** 766.90㎡ **건축면적:** 195.08㎡ **연면적:** 273.74㎡ **건폐율:** 25.44% **용적률:** 35.69% **규모:** 지하 1층, 지상 2층 **구조:** 철근콘크리트조, 목구조 **외부마감:** 노출콘크리트, 칼라강판 **내부마감:** 석고보드 위 수성페인트, 시더판재 **설계:** 2006.3~2006.9 **시공:** 2006.10~2006.12 **주요 수상:** 2007년 대한민국목조건축대전 본상 **주요 출판:** 『건축가』(2009.7/8), 『건축문화』(2011.10), 『와이드AR』(2018.5/6)

04

2005~2008

조성룡의 지앤아트스페이스

경기도 용인시 기흥구 상갈동

1983년, 30대 말의 조성룡(1944~)은 아시아선수촌아파트(1983~ 1986) 국제설계경기 당선으로 세상에 이름을 알린다. 그리고 6년 뒤 일 본 도쿄의 '갤러리 마(間)'가 주최한 전시회 〈마당의 사상: 신세대의 한 국건축 3인전〉(1989)에 김기석, 김인철과 함께 초청됨으로써도 한국 건 축계에서 입지를 다져나갔다. 전시회 제목 '마당의 사상'도 조성룡이 지 었다고 하는데(『4.3그룹 구술집』, 2014), 이듬해 결성된 4.3그룹은 '마 당' 및 그 개념쌍인 '비움'에 공통적 관심을 보인다. 그는 여기에 참여했 던 건축가 중 제일 연배가 높았다. 1992년 4.3그룹 전시회 도록의 글「도 시의 풍경」에서 그가 개발지의 '소란스러움'에 대해 '침묵'을 강조하고 자 기 건물 내부로 도시의 '길'이 연장됨을 시사한 것도 이 모임의 주요 화두 와 맞닿아 있다. 이후 조성룡이 실현한 여러 작업 가운데는 선유도공원 (1999~2002, 서안조경 협업)과 어린이대공원 꿈마루(2010~2011, 최 춘웅 협업) 등이 기존의 시설과 건물을 새롭게 탈바꿈시켰다는 점에서 눈 에 띈다. 2018년 출판한『건축과 풍화』의 주제에 잘 부합하는 사례일 것 이다. 같은 해 잠실5단지 주거복합시설 국제지명설계경기에 당선하고도 서울시 행정의 무책임과 재개발 주민들 사이의 갈등으로 프로젝트가 성 사되지 못한 것은 그가 최근 겪게 된 좌절이다. 조성룡은 지난 40여 년 한 국 현대건축의 주요 현장을 목격하고 가장 왕성한 활동을 펼친 건축가 중 한 사람이라 하겠다. 1993년 창립된 건축의미래를준비하는모임(건미준) 에 적극 참여했고, 서울건축학교(sa) 교장을 역임했으며(1996~2003), 2006년 베니스비엔날레 국제건축전의 한국관 커미셔너로 역할했던 것도 그 활동의 일면이다.

조성룡은 지앤아트스페이스(2005~2008) 완공 후 근작을 모은 영문 소책자에 「Revealing the Landscape: relationship and collectivity」 라는 제목을 달았다. 「풍경 드러내기: 관계성과 군집성」이라고 번역할 만 하다. 1990년대 초 "도시의 풍경"에서의 논점이 훨씬 목가적으로 변한 셈인데(여기에 실린 의재미술관, 선유도공원, 남양주 주말주택, 지앤아트스페이스에 그런 뉘앙스가 크다), 근래 지목한 '풍화' 개념도 그 연장선상에 있을 것이다. 지앤아트스페이스에 관한 필자의 평론은 이 소책자의 주제인 풍경, 관계성, 군집성에서 출발해 케네스 프램튼이 1983년 제안한 '비판적 지역주의(critical regionalism)' 및 '비판적 후위(critical arrière-garde)'에 관한 논의로 나아갔다. 나중에 명확해진 사실이지만, 프램튼의 비판적 지역주의는 4.3그룹이 표출했던 이념 중 하나였다(우경국, 「건축의 이념, 무이념, 탈이념」, 『SPACE』, 1990.8; 김현섭, 「4.3그룹의 모더니즘」, 『전환기의 한국 건축과 4.3그룹』, 2014). 조성룡의 '풍경'이든, 프램튼의 '비판적 지역주의'든, 여기에 내포될 수밖에 없는 노스탤지어는 최신의 관점으로 보자면 반동적으로 읽힐 때도 있으나, 아직 우리는 그 가치의 유효성을 충분히 누리지 못한 것 같다.

조성룡의 지앤아트스페이스와
현대건축의 비판적 후위(後衛)

지앤아트스페이스는 건축가 조성룡이 설계한 경기도 용인의 복합문화공간이다. 모두 여섯 동의 건물이 도예공방, 갤러리, 아카데미, 아트숍, 카페 등 다양하지만 서로 연계된 문화시설을 담고 있다. 땅과 예술[地 and Art]을 뜻하는 그 이름은 흙으로부터 무한히 확장되는 삶과 예술을 함축한다.

  이 건물군의 진정한 면모를 보길 원한다면 상갈동 주민센터로부터 시작해 백남준로를 따라 북서 방향으로 500여 미터를 걸어야 한다. 왜냐하면 이 길이 그 동네에서 더 유명한 (혹은, 더 커다란) 문화시설인 경기도박물관 및 백남준아트센터를 지남으로써 지앤아트스페이스의 상대적 모습을 부각시키기 때문이다. 이 여정의 대부분은 경기도박물관의 영역을 경계 짓는 커다란 돌덩어리들의 축대와 함께한다. 그러나 보행자들에게 그토록 위풍당당한 경기도박물관의 외관은 감히 허락되지 않는다. 그 길이 끝의 삼거리를 향할 즈음이 되어 우측으로 백남준아트센터의 영역을 접할 때에야, 지앤아트스페이스는 서서히 모습을 드러낸다. 하지만 그 차림새라는 것이, 이웃의 두 건물과는 사뭇 다르게도, 첫 눈에는 단층의 목조 헛간 하나와 조금 키가 큰 정도의 콘크리트 건물 하나로 인식된다. 온건한 친밀성 말고는 그저 그럴 뿐일 것만 같은 이 건물군은 가까이다가가는 이들에게만 속살을 드러낸다. 두 동으로 겹쳐보였던 건물들이 각각의 독립성을 선보임과 동시에, 지하층 면의 마당 역시 그제야 자신의 존재를 알리기 때문이다. 마당은 사실상의 플랫폼으로 역할하면서 건물들 사이를 중재하는데, 여기에서 바라보는 이 건물군은 2~3층 높이로 솟아 계단이나 브리지로 서로 연결된, 나름 규모 있는 문화공간이었던 것이다.

'군집성'과 '관계성'의 '풍경'

근래의 작품에 관한 자신의 글 「Revealing the Landscape: relationship and collectivity」에서 명시한 것처럼, 조성룡이 최근 천착한 주제는 '군집성', '관계성', 그리고 '풍경'으로 요약할 수 있다. 장소적 조건 때문이기도 하지만 의재미술관(1999~2001), 해인사 프로젝트(2004), 남양주 주말주택(2004~2005)에서 볼 수 있듯, 그는 큰 덩어리의 볼륨을 작은 조각으로 나누어 대지에 분산시킨다. 그리고 그 작은 채들의 군집과 관계를 조절하여 전체를 구성하는 것이다. 이들은 스스로 하나의 풍경을 만듦과 동시에 주변의 조망을 빌려[借景] 그 안에서 또 다른 풍경을 감상케 한다. 즉, 그의 전략은 의심할 여지없이 한국 전통건축의 개념을 고스란히 차용한 것으로, 이러한 방법론은 지앤아트스페이스로도 옮겨져 왔다. 독립된 오브제로서의 경기도박물관이나 백남준아트센터가 배타성을 내포할 수밖에 없다면, 적극적으로 열린 공간을 지향한 이곳에서 우리 전통 공간의 개방성과 포용 정신을 느끼게 되는 것은 너무도 당연하다. 특히 살짝 몸을 틀어 바깥으로 소통의 제스처를 취하고 있는 갤러리동은 유리로 짐짓 체면을 차리고 먼 하늘만 바라보고 서있는 백남준아트센터를 부끄럽게 한다.

하지만 한국 현대건축의 흐름을 충실히 읽어온 독자에게 '군집성', '관계성', '풍경'과 같은 개념은 그다지 새롭게 느껴지지 않는 것이 사실이다. 이러한 아이디어는 한 세대 전에도 이미 논의되던 것 아닌가? 예를 들어 김수근의 청주박물관(1979~1981)은 군집미와 관계성, 그리고 자연과 어우러진 풍경을 드러내려 시도한 전형적 작품이라 하겠다. 이처럼 새롭지 않은 건축론이 21세기의 첫 10년마저도 떠나보낸 우리에게 여전히 유효할 것인가?

'전위(avant-garde)' 대 '후위(arrière-garde)'

현대화 과정에서 아방가르드의 출현은 너무도 당연한 것으로, 이는 계몽주의의 진보적 가치를 이끌어내는 데에 중추적이었다. 서양 근현대건축사 교과서를 장식하는 주요한 건축 경향들도 제각각 전위적 역할을 담당하며 출몰한 것으로 볼 수 있겠다. 그러나 케네스 프램튼에 의하면 오늘날의 전위주의(avant-gardism)는 도구적 이성의 내적 논리에 경도된 나머지 해방의 구실을 담당하지 못하므로 더 이상 지지될 수 없다. 그보다는 오히려, 계몽주의의 진보 신화와 과거 노스탤지어에의 회귀로부터 모두 거리를 두려는 후위주의(arrière-gardism)를 통해 비판적 작업을 실천할 수 있다는 것이다. 이것이 바로 세계 문명의 영향력과 특정 지역의 문화를 중재하려는 이른바 '비판적 지역주의'(1983)의 개념쌍이다.

한국 현대건축의 젊은 세대 건축가군은 전위적이다. 이들은 동시대적으로 세계와 소통하며 새 시대를 개척할 실험성을 선보인다. 장윤규의 '복합체'가 함의하는 들뢰즈적 사유는 두말할 나위 없는 현대철학의 지배적 담론이며, 조민석의 '매스스터디스'는 대량생산의 문화와 과밀화된 도시조건이라는 현대성을 근거로 번득이는 작품을 산출한다. 그들이 지시하는 '무엇'은 현대건축의 최전선에서 '진보'하기 위한 전투를 벌인다. 그러나 모든 건축이 전위적일 수는 없는 법, 일군의 병력이 지나간 전장을 수습하고 한 걸음 물러선 자리에서 새로운 방향성을 타진할 비판적 후위가 필요하다. 한때는 전위자의 위치에 섰으나 지금은 자기성찰의 언어를 가다듬으며 온건한 중심을 잡는 조성룡을 이 범주에 둘 수 있지 않을까?

그가 새롭게 꺼내든 건축개념이 전혀 새롭지 않다는 것은 문제가 되지 않는다. 오히려 한국 전통건축의 '군집성'과 '관계성'이라는 개념이 보다 영속적이고 보편적일 수 있다는 방증인 셈이다. 인류학적 연구에 바탕을 두었던 알도 반 아이크의 주장은 '다른 것' 못지않게 중요한 "언제나 본질적으로 같은 것"을 역설하지 않았던가? 역시 문제는 본질적으로 동일한 개념을 얼마나 창조적으로 발현했는가에 있다. 이 점에 있어서 조성룡은 상당히 성공적인 것으로 보인다. 지표면 아래로 푹 꺼진 마당은 20% 남짓의 낮은 건폐율을 보상하기 위한 수단이었으나 배경이 되는 뒷산으로부터의 경사를 자연스럽게 이어주는 (프램튼의 말을 따른다면) '장소-형태(place-form)'가 된다. 군집의 공간구성이라는 개념은 한국적이나 각 동의 차림새는 지극히 현대적이다. 특히 갤러리와 카페와 어린이 창작 스튜디오의 경사지붕은 근본적으로는 전통적이면서도 그 물매의 낮섬이 현대적 감수성을 잘 보여준다고 하겠다. 그리고 각 동 간의 관계성은 한 방향의 동선몰이가 아닌 수평과 수직의 다양하고도 자유로운 길로 설정되어 있다. 옛 개념이 전혀 새로운 옷으로 갈아입고 나타나니 법고창신(法古創新)의 예라 할 만하다.

맺는 말

한 세대 이전에 창안된 프램튼의 아이디어를 지금의 우리 토양에 그대로 적용하기는 어려울지 모른다. 게다가 프레드릭 제임슨과 같은 비평가는 이를 또 하나의 미학으로 여기며 그것이, 본래적으로 저항코자 했던, 후기자본주의의 시스템 내에서 더 정교히 상품화될 수 있음을 주장한다. 그럼에도 불구하고 이 땅에 발을 딛고 사는 이상 그 아이디어의 비판적 카테고리를 온전히 거부할 수 없다 하겠는데, 후위라는 개념 역시 그렇지 않을까 싶다. 조성룡의 지앤아트스페이스는 최전선의 진보 신화로부터 물러나 앉아 상대적 변방의 문화적 틈새에 싹을 틔웠지만, 그렇다고 과거나 지역의 향수에 집착하지도 않는다. 오히려 한국의 정체성에 근간한 보편적 현대문명이라는 역설적 창조를 지향했다고 말할 수 있겠다. 비록 건축주가 제기하는 디테일의 불완전성이 해소되지 못한 아쉬움이지만, 이곳에서의 성취는 그 아쉬움을 뛰어넘고도 남는다. 이것이 그토록 떠들썩했던 백남준아트센터 앞에서도 사설의 문화공간 지앤아트스페이스가 당당할 수 있는 이유다.

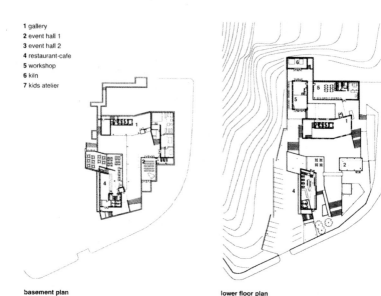

1 gallery
2 event hall 1
3 event hall 2
4 restaurant-cafe
5 workshop
6 kiln
7 kids atelier

basement plan   lower floor plan

지앤아트스페이스 ZIEN ART SPACE

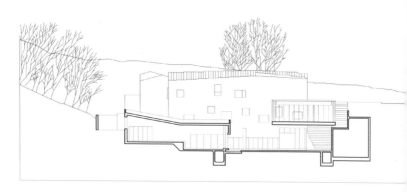

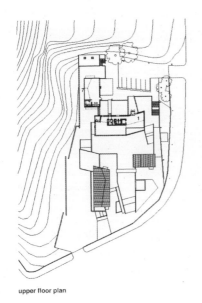

upper floor plan

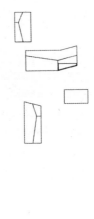

roof plan

평면도

백남준아트센터 NAM JUNE PAIK ART CENTER

단면도

조성룡의 지앤아트스페이스

지앤아트스페이스 전경

깊은 마당

　　　　　　　한국 현대건축 산책

백남준아트센터를 배경으로 한 지앤아트스페이스

갤러리동 전시실

조성룡의 지앤아트스페이스

레스토랑 쪽 외부 공간

건축가의 말

지앤아트스페이스는 서울에서 30km쯤 떨어진 서울 근교에 위치
한 도예갤러리, 공방과 가마, 아트숍, 레스토랑과 카페로 구성된
복합문화시설로 도예를 포함하여 다양한 프로그램을 위한 공간
으로 설계되었다. 배경 역할을 하는 북쪽 언덕의 참나무 숲과 더
불어, 집들이 옹기종기 모여 있는 동네 같은 분위기의 지붕 풍경
과 전체 시설을 연결하는 보행자 통로와 마당이 특별한 경관을 이
룬다. 그리고 이 단지를 지나면 인접한 백남준미술관(독일 건축가
Kirsten Schemel 설계)에 도달할 수 있다.

주변 풍경에 반응하여 각각의 건물들은 지상의 데크, 다리와 연결되어있다. 미술관, 학교와 작은 건물들로 이루어진 주변 풍경에 뒷받침하여 단지 내 각 건물들은 지상 다리와 연결되는 각각의 입구와 맞물려 주변의 도로보다 낮은 지표면에 위치한다. 건물의 대부분은 노출콘크리트와 티타늄아연판 마감의 경사지붕 건물인 반면, 레스토랑과 카페 벽면은 적삼목, 아트숍은 유리 커튼월로 계획되었다.

_조성룡

설계: 조성룡(조성룡도시건축) **위치:** 경기도 용인시 기흥구 상갈동 150-7 외 **용도:** 복합문화시설(갤러리, 공방, 레스토랑, 카페 등) **대지면적:** 4,324.00㎡ **건축면적:** 829.37㎡ **연면적:** 1,978.79㎡ **규모:** 지하 1층, 지상 2층 **구조:** 철근콘크리트조 **외부마감:** 노출콘크리트, 티타늄아연판, 적삼목, 유리 커튼월 **설계:** 2005.2~2006.12 **시공:** 2007.2~2008.6 **주요 수상:** 2009년 한국건축문화대상 우수상 **주요 출판:** 『와이드AR』(2010.3/4), 『건축가』(2011.3/4)

05

2004~2009

황순우의 인천아트플랫폼

인천시 중구 해안동

2009년 개관한 인천아트플랫폼은 현대 도시의 패러다임이 도시재개발에서 도시재생으로 변화된 상황을 배경으로 한다. 주지하듯 재개발(redevelopment)은 낙후된 도시조직을 말끔히 소거한 고밀도의 물리적 갱신과 이에 따른 경제적 효과에 초점을 맞춰왔다. 반면 재생(regeneration)은 기존 조건을 가급적 중시하는 가운데 대상 지역을 물리적, 경제적 측면뿐만 아니라 사회적, 문화적 측면까지 고려해 재활성화하려는 방식이다. 2000년대 들어서며 크게 진전된 이 같은 패러다임의 변화는 2013년 「도시재생 활성화 및 지원에 관한 특별법」의 시행으로 공인된 셈이다. 도시재생이 지렛대로 삼는 면모는 사례마다 다르다. 인천아트플랫폼의 경우는 개항장 제물포의 독특한 도시조직과 역사경관이라 하겠다. 1883년 개항한 제물포는 서울의 관문으로서 당대 열강들의 다양한 문물과 건축을 수용하게 됐고 그 위에 일제강점기의 시간 켜가 덧대졌는데, 그 같은 역사적 도시경관은 이후 부침을 겪으며 쇠락하게 된다. 낙후된 창고, 다가구 주택, 개항기 건물 등이 들어섰던 인천시 중구 해안동의 옛 일본 조계지 두 블록을 활성화하기 위해 프로젝트 기획자들이 주목한 것은 바로 예술이었다. 다시 말해, 이 일대를 역사의 흔적을 간직한 예술문화공간으로 탈바꿈해 지역의 활성화를 꾀했던 것이다. 이 인천아트플랫폼의 탄생에 중추적 역할을 한 이가 건축가 황순우(1960~)다. 그는 마스터 아키텍트로서 전체 프로젝트 팀을 이끌며 대상지에서 보존할 건물을 선택하고, 재활용 방향성을 결정했다. 예를 들자면, 대한통운 창고는 안전상 허물어야 했지만 구조보강을 거쳐 전시장과 공연장으로 리모델링했고, 구 일본우선주식회사(日本郵船株式會社) 건물(1888)은 등록문화재로 등록시켜 아카이브관(2016년부터는 아트플랫폼 사무실)으로 활용케 했다. 사업 주체와 이해 당사자들의 의견을 중재하는 가운데 주변 도시의 맥락과 시간의 흐름을 조율하고, 결국 옛것 속에서 미래의 가치를 창출코자 노력한 건축가의 역할은 괄목할 만하다. 익명의 다수나 여러 주체의 집단지성이 균형 잡힌 해법을 도출하는 근거임을 인정할지라도, 그 사이를 가로지르는 창조적 개인의 중요성을 간과할 수는 없는 노릇이다. 비록 건축가의 역할이 "자본주의의 경제논리와 정치적 메커니즘"이라는 사회의 시스템 속에 쉬이 포획될 우려도 없지 않지만, 우리의 희망은 바로 그런 창조적 개인의 역할에 있다는 것이 필자의 논지다.

한편, 인천아트플랫폼 개관 전후로, 홍대 인근의 자생적 예술가 창작촌이 지역 상권을 활성화한 결과 오히려 치솟는 임대료를 감당 못하고 쫓겨나던 상황이 화두였다. 이를 고려하면 지자체의 지원을 받는 이 공간은 무척 고무적이다. 지난 15년간 예술가 레지던시 프로그램과 각종 전시, 공연, 교육 등으로 나름의 역할을 해왔으니 말이다. 그럼에도 불구하고 인천아트플랫폼을 비롯한 이른바 도심 속 '아트팩토리'의 도시재생 효과에 관한 비판적 논의는 개관 당시나 지금이나 공히 유효한 것 같다. 이 같은 예술문화공간이 어떻게 하면 예술가들만의 게토로 남는 게 아니라, 지역 주민들과 더 긴밀히 소통하며 커뮤니티 회복에 기여할 수 있을까? 예술가들이 작업하는 도심 속 공간은 그 문화적 아우라만으로도 방문객을 유도하고 지역경제 활성화에 기여할 수 있지만, 어떻게 하면 상업화에 저항할 수 있는 예술의 비판적 속성도 견지할 수 있을까? 이 평론과 함께 던지고 싶은 물음이다.

『건축가』, 2011.1/2

인천아트플랫폼과 도시재생,
그리고 건축가의 역할

―――――――

인천아트플랫폼에는 뭔가 특별한 것이 있다. 그중 단연 돋보이는 것은 역시 그 장소가 가지는 역사의 숨결이다. 1883년 제물포 개항 이래 외국의 근대문물이 이곳을 통해 상륙했고, 청나라와 일본 등 각국 조계지가 형성되어 이 일대는 한국 근대사의 산 증인이 되었는데, 그 과정에 들어선 다양한 양식의 건축물이 아련한 기억의 흔적을 보듬어준다. 이에 더해 일제강점기와 한국전쟁, 그리고 산업화의 경제성장기를 거치며 시간의 켜가 그 두께를 더한 것이다. 그러나 탈산업화와 경제구조 변화로 인한 이곳 도시조직의 쇠락을 역사의 숨결만으로 막기에는 역부족이라 하겠다. 인천아트플랫폼은 쇠락한 옛 일본 조계지의 두 블록을 '도시재생'의 일환으로 개발한 미술창작센터이다.

장소성의 특별함에 더해 인천아트플랫폼에서 간과할 수 없는 가장 큰 이슈는 건축가 역할의 범위에 관한 것이라 할 수 있다. 일견 이 프로젝트에 와서 건축가의 영역이 극히 협소해진 듯 보인다. 왜냐하면 역사적 지구와 건물의 보존·보전이라는 묵직한 틀이 외적으로 부여됨으로써 건축가의 자유로운 디자인에 한계를 그었기 때문이고, 내적으로는 스스로의 창작 공간을 원하는 예술가들이 건축가의 지나친 개입을 꺼렸기 때문이다. 그러나 다른 한편에서 보면 인천아트플랫폼은 오히려 건축가의 활동 범위를 크게 확장시킨 모범적 사례라고도 할 수 있겠다. 건축가 황순우는 1999년 지역 보존과 활성화를 위한 정책제안으로부터 시작해, 지구단위계획, 미술문화공간 건립계획 등, 2004년의 계획설계 이전부터 이미 프로젝트 전반을 기획하고 진행해왔던 것이다. 말 그대로 전체 프로젝트의 마스터 아키텍트이자 코디네이터로서의 역량을 유감없이 보여준 것인데, 눈앞의 열매만을 딴 것이 아니라 그 과실수를 키우기 위해 씨를 뿌리고, 거름을 주고, 가지치기까지 한 셈이다.

이와 같은 프로젝트 전 과정의 스토리가 갖는 무게로 인해 인천아트플랫폼의 디자인적 측면은 상대적으로 덜 조명 받기 십상이다. 그러나 이곳의 33개 필지 13개 동의 건물과 그 사이 공간은 제각각의 연륜과 새 단장으로 예술가들을 맞이한다. 앞서 제기한, 디자인에 한계를 지울 수 있는 내외적 인자들은 역으로 더 나은 상상력을 위한 발판이자 설계에 당위성을 부여하는 지침이 되기도 했다. 기존의 창고, 사무소, 교회, 다방 등 스물예닐곱 건물 가운데 보존과 철거 대상을 선별하는 작업은 이 프로젝트의 건축가에게만 부여된 특권이다. 그리고 외벽을 유지한 채 철골조를 이용해 내부 공간을 현대적으로 탈바꿈시킨 것이나 옛 벽돌벽에 대비되는 유리 건물의 신축, 건물 간 동선 유도를 위한 브리지의 설치 등을 통해 건축가는 이 프로젝트의 도전을 무척 유연하게 해결한 것으로 보인다. 요컨대 인천아트플랫폼은 옛것과 새것의 겸손한 공존을 도모하며, 예술가들의 창작활동을 위한 플랫폼으로 온건하게 기능한다 하겠다.

그럼에도 불구하고 우리는 이 프로젝트가 표방했던 도시재생의 문제를 재고해 볼 필요가 있다. 바람직한 의미의 도시재생이라면 많은 이들이 지적하듯 지역 공동체의 활성화를 전제로 해야 하며(「한국의 도심 속 아트팩토리 리포트」, 『SPACE』, 2009.9), 공동체 활성화는 목표 이전에 배경이 되어야 한다. 예술가들의 창작과 전시, 그리고 지역 주민의 교육 및 그들과의 교류라는 인천아트플랫폼의 운영 프로그램은 이러한 목표에 정확히 부합된다고 하겠으나 이것이 얼마나 지역 커뮤니티 속으로

녹아 들어갈 지는 아직 두고 볼 일이며, 애초의 프로젝트에 지역 주민들과 예술가들의 아래로부터의 참여가 주도적이지 못했다는 것은 태생적 한계로 남을 것이다. 인천아트플랫폼의 현재적 성취는 결국 그만큼 더 주도적이었던 건축가의 역할에 빚진 바 크다. 그런데 좀 더 거시적인 관점에서 본다면 건축가의 역할이라는 것이 사실 전체 사회 시스템 안으로 너무 쉬이 포획된다는 것을 알 수 있다. 우리가 아무리 부인한다 하더라도 자본주의의 경제논리와 정치의 메커니즘은 모든 건축행위의 기저를 관통한다. 비관적 주장이긴 하나 비평가 만푸레도 타푸리에 의하면 근대 건축가들이 꿈꾸었던 유토피아는 결국 자본주의를 더욱 공고히 만드는 수단에 지나지 않았다. "건축가들이 감옥의 중정에서 일시적 자유를 누리며 벌이는 현란한 기계체조는 얼마나 무의미한가?" 그렇지만, 이론에서든 실천에서든, 담장 너머의 삶을 볼 수 있는 창조적 개인에게만큼은 최소한의 가능성이 열려 있을 것이다. 그것이 우리가 붙잡을 수 있는 희망이다.

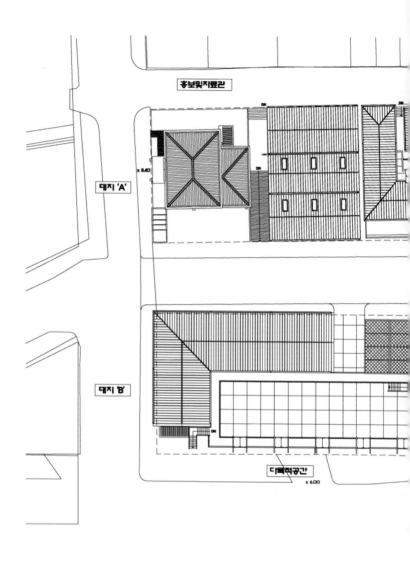

한국 현대건축 산책

제작공간

커뮤니티공간

16M 도로

전시공간

교육공간

인천아트플랫폼 배치도

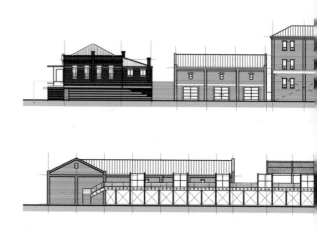

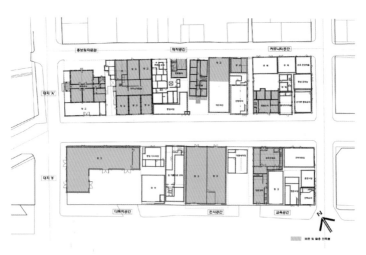

변경 전 배치도

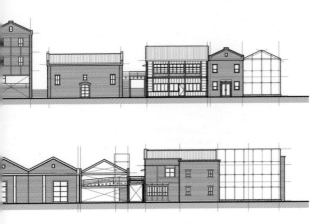

A블록과 B블록(대지 'A'와 대지 'B')의 남측 입면도

변경 후 배치도

동측에서 본 두 블록 사이 전경

예술가들의 스튜디오 및 프로젝트 공간

한국 현대건축 산책

전시장 실내

예술가들의 퍼포먼스 광경, 2012년 7월

건축가의 말

역사의 긴 시간 속에서 변화하는 도시의 모습을 보여주는 작업이
다. 창작, 전시, 교육, 유통의 기능을 충족시키기 위한 보존 건축물
과 기능 보완을 통한 최소한의 신축 건축물로 구성하여 개항기 형
성된 가로구획과 역사적 경관을 유지하도록 했다. 인천아트플랫
폼 건축디자인 콘셉트는 비움과 채움, 기억과 향유, 소통으로 잡
았으며, 아트플랫폼의 기능을 위해 오픈스페이스를 확보하고 유
리를 덧대어 과거의 흔적을 투영시켰다. 한편, 공간들 사이로 회
랑과 오버브리지를 설치하여 건물과 건물 사이를 연결함으로써
단지 전체를 순환시킬 수 있도록 하였으며, 도시의 블록을 유지하
는 열린 공간을 조성하였다. 인천아트플랫폼은 도시의 일부이면
서 자기 나름의 역할을 하는 열려있되 자기 정체성을 갖는 특유의
공간이다.

_황순우

(2010년 한국건축가협회상 작품 설명에서 따옴)

인천아트플랫폼 전경

설계: 황순우(㈜건축사사무소 바인) + 임종엽(인하대학교) **위치:** 인천시 중구 해안동1가 **용도:** 문화 및 집회시설, 교육연구시설, 1종 근린생활시설 **대지면적:** 8,450.30㎡ (도로 제외 6,634.70㎡) **건축면적:** 4,165.06㎡ **연면적:** 5,593.43㎡ **건폐율:** 62.78% **용적률:** 81.49% **규모:** 지하 1층, 지상 4층 **구조:** 철근콘크리트조, 철골조, 조적조 **외부마감:** 적벽돌, 투명복층유리 등 **내부마감:** 노출천장, 석고보드 위 지정 마감, 투명우레탄라이닝 등 **설계:** 2004.4~2006.10 **시공:** 2007.3~2008.10/ 인테리어 준공: 2009.5/ 개관: 2009.9 **주요 수상:** 2010년 한국건축가협회상 **주요 출판:** 『SPACE』(2009.9), 『건축가』(2011.1/2)

황순우의 인천아트플랫폼

김수근의 공간(1983~1989), 승효상의 이로재(1990~1995), 렘 콜하스의 OMA(Rotterdam, 1996~1997)와 같은 쟁쟁한 사무소를 거치며 수련을 쌓은 김영준(1960~)은 30대 후반인 1998년 김영준도시건축을 설립한다. 파주출판도시의 학현사(양서원 출판그룹, 2006~2009)는 그로부터 10년가량 지났을 때 완공된 건물이다. 그의 사무소 이름이 포함하는 '도시건축'이라는 어구가 그리 새로울 건 없지만 김영준은 도시와 건축을 긴밀히 연계해 작업함을 천명하는데, 학현사에 관해서도 "도시구조의 건축"을 구현하고자 했음을 명확히 밝혔다. 이 같은 건축과 도시의 관계는 "도시는 커다란 집과 같고, 집은 작은 도시와 같다"는 15세기 알베르티의 르네상스 건축론에 이미 뚜렷이 설정됐었고, 20세기 후반에 접어들면서는 팀10 멤버였던 네덜란드의 알도 반 아이크(Aldo van Eyck, 1918~1999)에게서도 두드러졌다. 한국에서는 1960년대 말 김수근 휘하에서 세운상가 및 여의도개발계획을 이끌었던 윤승중(1937~)이 1969년 원도시건축연구소를 개소하며 건축과 도시의 만남을 논의하고 발전시킨 점을 주목할 만한데, 1990년대에는 4.3그룹의 조성룡(1944~)이 "도시의 풍경", "도시건축의 풍경"을 화두로 삼으며 도시와 건축의 관계를 새롭게 환기시킨 점도 눈에 띈다[4장]. 김영준에게서 흥미로운 점은 이로재에서 실무를 익히고 이후 그곳과 다양한 협업을 해왔으면서도 승효상의 지문(地文, landscript)이 아닌, 땅의 흔적이 소거된 현대도시의 불특정성을 근거로 작업한다는 사실이다. 건물 프로그램의 불확정성도 작업의 근거지만 말이다. 독립하기 직전 일했던 사무소가 OMA(Office for Metropolitan Architecture)였음이 이를 단적으로 시사하는 것 같다. 그는 한 강연(「Urbanism for Architecture」, 서울과기대, 2019.10)에서 김수근의 세운상가 프로젝트(1966~1970) 이후 한국의 건축계가 공간사옥(1971~1977)[12장]이 아닌 세운상가의 방향성으로 더 나아갔어야 했다는 입장을 피력하기도 했다.

독립 후 파주출판도시 설계지침(1999) 작업에 참여한 김영준은 그곳의 공동주거 계획안(2000)도 마련한다. 현대도시의 고층고밀 주거와 달리 저층고밀로 펼쳐진 집합주택 유형인데, 그 근거를 (반 아이크와 함께 팀10을 주도했던) 영국의 스미슨 부부(Alison and Peter Smithson)가 1960~1970년대 내세운 매트 빌딩(MAT building)에서 찾았음은 특기할 만하다. 매트 유형은 김영준이 파주 헤이리에 설계한 자하재(2002~2005)와 자운재(2002~2005) 등의 주택 디자인을 설명하는 주요 개념이다. 그러나 헤이리의 두 주택에서 더 특징적인 바는 건물을 콘크리트 벽과 프레임으로 분할하여 도시조직처럼 구성했다는 점과 그 구성체계를 매우 논리적인 다이어그램으로 설명했다는 점이다. 이로써 그의 건축은 체계적이고 이지적 근거가 명확함을 나타내지만, 동시에 차가운 인상도 머금는다. 이런 특성은 학현사에도 고스란히 적용됐다. 그런데 그의 다이어그램은 건물 구성과 체계의 복잡성을 증가시켜 미로화하는 방편으로도 보인다. 즉, 건물의 이해를 위한 도구이기보다 다이어그램 자체가 흥미로운 해석의 대상이 된다는 것이다. 수년 후 지어진 강남의 ZWKM 블록(2011~2015)은 네 개의 필지를 넘나들며 네 동의 건물을 구성한 점에서 그의 도시건축의 확장된 실험인데, 이 디자인의 다이어그램도 그렇다. 혹자의 논평과는 달리 이 다이어그램은 명료하지만 쉽게 읽히지 않는 반면, 평면도와 단면도가 오히려 이해하기 쉬운 측면이 있다. 필자는 이를 "미로적 다이어그램"이라 칭하기도 했는데(「다이어그램과 미로」, 서울과기대, 2019.11), 다른 기회에 더 고찰하도록 하자. 학현사 완공 무렵 작성된 이 글은 짧은 단상인 만큼 그의 도시건축을 깊이 다루지는 못했고, 김영준의 건축이 현대도시의 익명성과 주체의 소외를 반영함을 제시하는 것으로 마무리됐다. 귀스타브 카유보트(Gustave Caillebotte, 1848~1894)의 그림을 연관지은 해석에는 게오르크 짐멜이 「대도시와 정신적 삶」(1903)에서 묘사한 바, 메트로폴리스의 충격에 대응하는 개인의 '심드렁한(blasé)' 태도를 추가할 만하다.

『건축가』, 2009.9/10

하이퍼센서티비티의 내향적 미로:
김영준의 학현사에 관한 소고

'도시'로서의 '건축'

"건축을 도시적으로 도시를 건축적으로 생각할 때가 왔다." 알도 반 아이
크(1961)가 서술하듯 김영준은 건축을 도시적으로 생각한다. 그에게 있
어서 하나의 건물은 도시의 집적에 다름 아니다. 김영준에 의하면 현대
도시의 정지(整地)된 공간 가운데 대지의 특수성이나 땅의 기운을 논하
는 것은 한물간 이야기이다. 그렇다고 규정되지 않은 현대 사무소 건물
의 기능으로부터 형태를 도출하는 것 역시 어불성설이다. 허면 건축가에
게 남겨진 것은 무엇인가? 가장 대표적이라면 건물 표피의 조작이거나
내부 공간 프레임의 유희적 구성일 것이다. 김영준의 여러 작품이 후자
의 편에 선다. 다변적 도시구조를 한 건물의 분할된 프레임과 매스에 대
입하고 각 부분 사이의 공간적 상호작용을 연출하는 것, 그것이 그의 전
형적 도시건축 전략이다.

'의도된 콤플렉시티'와 '미로'

파주 출판도시의 학현사는 크게 볼 때 거대한 입방체를 세 개의 켜로 나
눈 형태, 혹은 서로 다른 단면을 가진 세 개의 기다란 매스를 하나의 입
방체로 조합한 형국이다. 이에 더해 세 개의 매스는 각자의 방식으로 한
번 더 분할된다. 그리고 매스 사이의 통로 두 열은 전체를 가로지르기도

하고 공간 구성에 따라 부분적으로 끊기기도 하며 직교하는 매스 사이의 외부 공간들과 만난다. 이러한 사이 공간의 복잡성은 부분부분 디자인된 복층 규모의 내부 공간과 만날 때 심화된다고 하겠다. 김영준은 여기에서 '의도된 콤플렉시티'를 이야기하며 '미로'를 상정한다. 즉, 학현사의 네트워크는 한눈으로 파악되지 않는다. 그렇다고 그가 피터 아이젠만의 주택 시리즈처럼 급진적으로 나간 것은 아니다. 오히려 그는 극히 실용적이다. 왜냐하면 그가 제시한 것은 어떤 기능이든 충분히 수용할 수 있는 다양한 공간의 연속이기 때문이며, 다만 이들 사이를 맺거나 끊는 복도와 보이드를 다소 복잡하게 얽었을 뿐이기 때문이다.

'활기찬 도시 가로' 대 '내향적 미로'

다시 말해 그가 심혈을 기울인 것은 매스 내의 공간이 아닌 복도와 보이드의 시스템이다. 그러나 이 네트워크가 유유히 흐르는 것은 아니다. 이는 통하다가도 갑작스레 막히고 수평적으로 끊겼으나 수직적으로 통하기도 한다. 건축가는 여기에서 도시 가로의 우발성을 꿈꾸는가? 분명 최문규가 쌈지길에서 만든 활기찬 도시 가로는 김영준이 지향하는 바가 아니다. 그가 천착한 불확정성의 미로는 꽤 무덤덤하며 내향적이다. 분할된 매스들은 보이드의 사이 공간에 자신들을 크게 열어 보이지 않는다. 그 사이 공간 역시 외부를 향해 열려있긴 하나 그 모습을 온전히 외부에 보여주길 꺼린다. 내부의 동선체계와 외부의 가로를 친절하게 연결할 법도 한데 건축가는 그런 데에는 관심이 없는 듯하다. 이러한 내향성은 현대 메트로폴리스를 살아가는 도시민의 소외된 익명성과 일맥 닿아 있지 않을까? 귀스타브 카유보트가 묘사한 '유럽의 다리'(1876~1877)를 보라. 내면으로 침잠한 개성은 소통할 바 없어 도시를 배회한다. 살짝의 스침에도 움찔하여 내면으로 스며드는 현대인의 하이퍼센서티비티(hypersensitivity)는 뭉크 식 '절규'의 또 다른 얼굴이자 이 내향적 미로에 짙게 드리운 그림자이다.

하지만 아직 사용자들의 입주가 더딘 건축물을 평하기엔 이른 감이 없지 않다. 준공 후 한 세대가 지나야 건축물의 참 가치를 알 수 있다고 알바 알토는 주장하지 않았던가? 학현사의 내향적 미로에서 앞으로 어떤 우발적 이벤트가 발생할지 더 두고 볼 일이다.

개념도

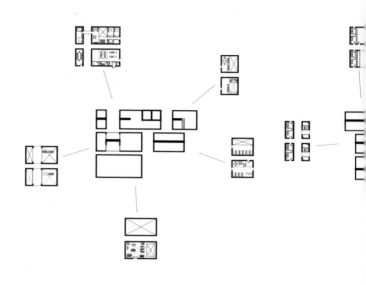

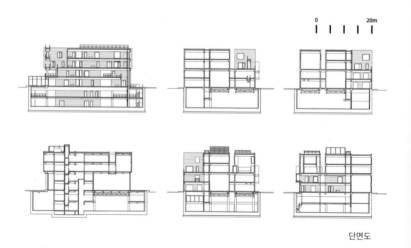

단면도

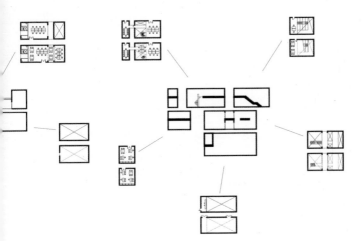

다이어그램

모형

학현사 전경

측면 외관

귀스타브 카유보트, '유럽의 다리(On the Pont de l'Europe)', 1876~1877

실내 복도

건축가의 말

학현사(양서원 출판그룹)는 출판도시 1차 작업의 거의 마지막 프로젝트이다. 도시 기반시설 부지로 준비되었던 일부 기능이 폐지되면서 새로이 추가된 (학현사의 경우 전화국 부지의 일부) 몇 가지 프로젝트 중 하나였다. 따라서 출판도시 원래의 건축지침이 정비되어야 하는 과제를 안고 프로젝트가 시작되었다.

학현사의 실제 사용 면적은 사실 완성된 건물 규모의 1/3을 넘지 않는다. 그것은 부지의 규모, 건축지침의 권유, 건축주의 장기적인 비전이 결합된 프로그램의 결과이기 때문이다. 따라서 일반 출판사로서 주어진 요구 사항만을 풀어내는 설계는 애당초 불가능했고, 다양한 문화적 생산이 가능한 그야말로 불확정적인 상황을 대응하는, 가능한 한 열린 구조의 건축을 지향하게 되었다.

오랜 기간 다양한 프로젝트에서 추구하였던 '도시구조의 건축'이라는 명제를 이어가기로 결정하였다. 불확정적인 상황에 건축적으로 대응하는 방법은 도시 스케일의 프로젝트에서 논의되는 여러 주제와 유사하다. 다양한 접근, 열려진 미래, 완결되지 않은 결론의 전제에서부터 인공과 자연의 채움과 비움 등 상대적인 관점의 관계 설정까지, 이들을 어떠한 집적의 체계로서 건축적으로 번안하는 일을 과제로 삼았다.

다양한 크기의 단위 공간들을 집합시키는 일, 그것은 결국 세 개로 분절된 평면과 단면이 결합하는 체계를 제안함으로써 정리될 수 있었다. 두 개 층씩 결합된 독자적인 단위 공간의 연계가 불확정적인 상황을 대응하는 건축적 해법으로 제시되었다. 단위 공간의 복제를 바탕으로 하는 집합의 형태를 벗어나, 좀 더 적층된

밀도에서 좀 더 다양한 크기로, 좀 더 독립적인 연계를 의식한 집적의 체계로서 복합성(complexity)을 부각한 셈이다.

_ 김영준

설계: 김영준(㈜김영준도시건축연구소, YO2) **위치:** 경기도 파주시 문발동 499-4, 파주출판도시 **용도:** 사무실, 주택, 전시장 등 **대지면적:** 2,214.9㎡ **건축면적:** 1,065.3㎡ **연면적:** 4,709.4㎡ **건폐율:** 48.1% **용적률:** 134.8% **규모:** 지하 2층, 지상 4층 **구조:** 철근콘크리트조, 철골조 **외부마감:** 노출콘크리트, 투명복층유리 **내부마감:** 목재널, 수성페인트, 우레탄코팅 **설계:** 2006.2~2007.3 **시공:** 2007.7~2009.7 **주요 출판:**『건축가』(2009.9/10),『와이드AR』(2017.9/10),『Urbanism for Architecture』(Young Joon Kim; l'Arca International, 2017),『집합의 형태』(김영준; 동녘, 2024)

07
2007~2010
이성관의 탄허대종사기념박물관
서울시 강남구 자곡동

서울과 뉴욕에서 학업과 실무를 경험한 이성관(1948~)은 40세 즈음이던 1988년 독립해 한울건축을 개소했고, 이듬해 대규모 국가 프로젝트였던 용산 전쟁기념관(1989~1994) 현상공모에 (건원건축과 함께) 당선하는 기염을 토했다. 하지만 이 프로젝트는 이후 4.3그룹의 동료들(특히 승효상과 민현식)의 신랄한 비판에 직면하게 된다. 전쟁이 과연 기념할 만한 것인지, 위압적 규모와 권위주의적 디자인이 결국 군사정권에 복무하는 것은 아닌지 등의 논쟁적 이슈로 인함인데, 심지어는 과거 독일의 나치 건축가 알베르트 슈페어(Albert Speer, 1905~1981)가 거론되기도 했다. 예기치 않은 비판에 당황하며 자신의 입장을 항변한 그는 한동안의 숙고 끝에 "어떠한 건물도 그 자체로는 중성적일 뿐이다"라는 결론을 내놓는다. 서대문형무소의 사형집행장도 모르고 보면 휴먼 스케일의 친근한 건물에 지나지 않는다는 예를 들면서였다(『4.3그룹 구술집』, 2014). 이 이슈는 좀 더 정교한 논의를 필요로 하지만, 김수근이 공간사옥 증축(신관)과 같은 시기에 진행한 프로젝트인 남영동 대공분실(1976~1977)을 연상시킨다[12장]. 그리고 건축의 비판성에 회의적이었던 프레드릭 제임슨이 "건축은 자체만으로는 타성적이다"라고 했던 말(「공간은 정치적인가?」, 1995)이나 건축 자체보다 건축가의 의도와 현실의 합치 여부가 중요하다는 미셸 푸코의 입장(「공간, 지식, 권력」, 1982)에 대한 다각적 고찰의 여지도 남긴다고 하겠다.

전쟁기념관 이후 이성관의 프로젝트 가운데서는 탄허대종사기념박물관(2007~2010, 탄허기념불교박물관)이 가장 눈길을 끄는 것 같다. 제1회 김종성건축상을 비롯한 여러 상(한국건축가협회상, 한국건축문화대상, 서울시건축상 등)을 수상한 이력도 그 방증이다. 이 건물에 대한 건축가 설명의 핵심 골자는, 한국 전통사찰을 참조한 이른바 "과정적 공간"에 있었다. 우리가 어떤 경로를 거쳐 공간에 진입해 움직이고 이를 경험하는지와 관련된 이야기다. 이 "과정적 공간"이라는 개념이 20년 전의 전쟁기념관에 ('진입광장'으로부터 '원형광장' 등 일련의 외부 공간을 지나 건물에 진입한 후 여러 공간을 경험하는 방식으로) 이미 적용된 것임을 고려한다면(『건축문화』, 1989.11 & 1994.7; 4.3그룹, 『Echoes of an Era/ Volume #0』, 1994), 이를 이성관 건축의 항성으로 여길 수 있겠다. 그러고 보니, 매우 오래된 이야기지만, 그는 서울대학교 석사논문 「한국 전통적 건축공간의 특질」(1975)에서 일찌감치 이 개념을 탐구하고 있었다. 안영배가 당시(1974~1975) 『SPACE』에 연재하던 「한국건축의 외부공간」을 직접 인용하면서 말이다. 그런데 "과정적 공간"은 탄허대종사기념박물관의 기저에 흐르는 주요 플롯이긴 하나 전통과 연계할 수 있는 요소들 중 하나일 뿐이다. 이성관은 이 현대적 디자인에 크고 작은 직설과 은유로 전통의 파편을 다수 심어두었는데, 이 글이 주목한 바다. 1960년대 후반의 전통논쟁 이래 '전통성'과 '한국성' 이슈는 한국 현대건축의 흐름 속에서 몇몇 분기점을 거치며 진화했고, 지금까지도 새로운 모습으로 출몰한다. 이성관의 탄허대종사기념박물관은 그 단면을 보여주는 사례라고 하겠다.

『건축가』, 2010.7/8

탄허대종사기념박물관과 전통 변주의 폴리포니

———

이성관의 탄허대종사기념박물관에는 흥미로운 건축 어휘가 여럿 시도
되었다. 외부에서라면 정면 파사드 유리 표면에 금강경 법문을 흰색으
로 빼곡하게 채운 점이 방문자의 시선을 가장 먼저 잡아끄는 요소이다.
내부에서는 역시 강당 안에서 부유하는 법당의 존재가 핵심적 주제라 할
수 있는데, 이러한 부유성이라는 모티브는 강당 볼륨과 전시장 볼륨 사
이에 존재하는 얕은 수공간에서도 반복된다. 건물 내부에서 보면 이를
포함한 중정이 지상층일 거라는 착각을 불러일으키지만 실상 그 직사각
형의 얕은 호수는 1층 주차장의 지붕이 이고 있는 형국으로, 대나무를
식재한 측면에서 볼 때 그 상황이 쉬이 간파된다. 그러나 이와 같은 독특
한 시도들 못지않게 이 건축물을 인상 지우는 테마가 있으니, 그것은 바
로 전통의 재해석 문제이다.

　우리 전통을 어떻게 현대건축에 접목할 것인가? 이 해묵은 논의를
다시 펼 수밖에 없는 이유는, 이 주제가 그 묵은 해만큼이나 중대하면서
도 그리 만만한 적수가 아니기 때문이다. 전통의 계승이라는 문제는, 한
세대 전이라면, 그저 철근콘크리트로 기둥, 보, 공포를 모사하고 기와지
붕을 올림으로써도 간단히 해결할 수 있었겠지만(광주박물관, 전주역사,
독립기념관 등을 보라!), 이제 이 바닥에서 그런 '관발주적' 태도는 환영
받지 못한 지 오래이다. 그렇다고 작금의 한옥 열풍에 발맞춰 고색창연
한 기와집을 그대로 신축하는 것은 비용도 만만치 않을뿐더러, 현대건축

가의 상상력을 자극하기에는 좀 부족함이 있다. 탄허 큰스님을 기념하는 전시관과 불교 집회시설을 수용해야 하는 이 건물을 위해 건축가가 선택한 방법은 전자도, 후자도 아닌 제3의 길, 즉 현대건축의 테두리에서 전통 요소를 은유적으로 차용하는 데에 있었다. 물론 이 방법 역시 전혀 낯선 것이 아니며, 김중업, 김수근 이래 일찌감치 많은 건축가들에 의해 무수히 시도되어 온 바이다. 그러나 이 건축물이 독특하다고 할 수 있는 점은, 첫째, 그 건축물의 존재근거 자체가 매우 전통적인 요소를 요구한다는 사실이고(가장 두드러지게는 지하의 승방, 2층의 강당, 3층의 법당 모두 좌식의 습관을 바탕으로 한다), 둘째, 건축가가 다양한 전통 요소들을 여기서 한꺼번에 보여준다는 사실이다.

주출입구로부터 법당에 이르기까지 외부 경사로와 2층 홀의 계단을 오르는 길은(층이 바뀔 때마다 우리 몸은 180°의 방향전환을 경험한다) 일주문, 천왕문, 누문을 지나 대웅전에 다다르는 전통사찰의 동선을 입체적으로 압축한 것이다. 2층 홀을 향한 강당의 벽면이 완전히 열리는 점은 단순한 공간의 확장 차원을 넘어 우리 전통건축의 창호가 가지는 융통성을 상징하는데, 창이나 문이 내외부 공간을 열고 닫는 점은 건축가의 집중 탐구대상 가운데 하나였던 것으로 보인다. 승방의 한쪽 벽이 열려 툇마루와 연결되는 것은 그리 새롭지 않지만, 중정을 향한 강당의 수평창과 강당을 향한 법당의 벽면이 수직으로 접히며 전동(電動) 개폐되는 점은 우리 전통 들어열개의 '키네틱한' 현대적 변용이라 할 만하다. 옛것과 융합할 수 있는 테크놀로지의 기꺼운 사용이다. 게다가 중정을 향해 활짝 열린 강당의 창은 바깥의 대나무와 물을 내부로 차경(借景)하며 깊은 사색의 장을 마련해주기도 한다. 한편, 창호의 정자살이나(박제가의 『북학의』에 영감을 얻은 이성관은 강당 창살을 실내 쪽에 둠으로써 창살 위에 앉을 외부 먼지로부터 해방되었음을 이야기하나 오히려 우리와 대비되는 일본의 관례에 가깝게 되었다) 바닥의 우물마루 패턴은 전술한 동선이나 공간의 융통성 같은 비가시적 요소보다 훨씬 직접적인 전통 요소이다. 그러나 그와 같은 구상적 요소라도 불상 위의 닫집과 보개천장이 현대화된 빛우물과 스카이라이트로 번안되듯 한 단계 변이를 거치기도 하고, 법당의 북쪽 모서리 바깥에 설치한 지붕 추녀의 추상화된 조각처럼 전통을 활용한 건축가의 유희로 탈바꿈하기도 한다. 이 같이 다양한 층위로 번안된 전통 요소에 침잠한 방문자에게 있어서 전시관 문을 열자마자 맞닥뜨리는 리처드 세라의 커다란 철판 곡면 조각 복제품은 뜻밖의 아이러니로서, 강렬한 대비를 위한 건축가의 또 다른 유희이다. 이는 모든 것이 직교체계에 포섭됐던 이 건물에 도입한 유일한 곡선형 벽면이자, 다양한 전통 요소에도 불구하고 이 건물이 세련된 현대 미학과도 함께 하고 있음을 상기시키는 요인이라 하겠다.

요컨대 이성관의 탄허대종사기념박물관은 우리 전통건축의 요소를 어떻게 현대적 상황에 도입할 수 있는가를 집약적으로 보여주는 실례이다. 그러나 어찌 보면 너무 많이 보여주려는 건축가의 의도가 다소간의 분산된 느낌을 주기도 한다. 비움을 삼켜[呑虛] 적절히 침묵함으로써 한 가지를 더 도드라지게 만들 법도 했을 텐데 말이다. 하지만 그는 전통의 현대적 변주를 심포니(symphony)가 아닌 폴리포니(polyphony)로 지휘했다고 볼 수 있다. 모든 방이 각각의 요구에 맞게 최선으로 디자인되었다고 건축가가 강변하듯, 모든 전통 요소의 적용도 그러했을 게다. 그것이 이 건물과 건축가가 지닌 힘일 터이다.

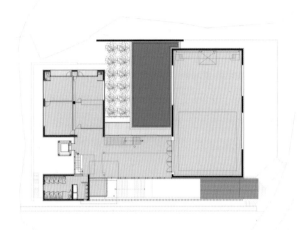

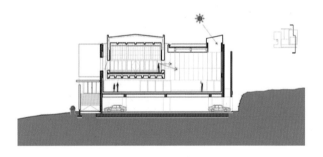

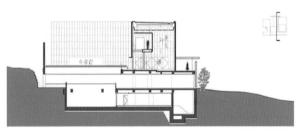

2층 평면도 및 단면도

모형

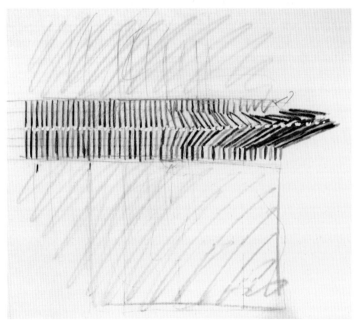

전통 형식의 추상화를 위한 처마 스케치

금강경 전문이 인쇄된 유리 외벽면

"과정적 공간"이 시작되는 주 진입로

한국 현대건축 산책

2층 강당 안에서 부유하는 법당

강당 안에서 조망한 2층의 중정과 수공간

건축가의 말

탄허 대종사는 속명이 김금택(金金宅)이다. 탄허는 법호이며 법명은 탁성(鐸成)이다. 1913년 전북 김제에서 태어났으며, 한국의 고승이자 불교학자로 조계종 중앙역경원 초대원장을 지내며 불경을 한글로 번역하는 데 큰 공을 세웠다. 수행과 역정, 강론에 나서 선교겸수(禪敎兼修)를 실천했던 스님은 1958년 월정사에 '오대산 수도원'을 세워 불교경전을 비롯해 도덕경과 장자, 주역을 강의하며 수많은 제자를 배출했다. 본 박물관은 인재불사와 역경사업에 전념한 스승의 뜻을 기리는 박물관인 동시에 스승의 유지를 이어받아 인재불사를 실천하는 강학공간이다.

부지에 바로 인접해 있는 근린생활시설과 같은 일상적 공간과 직접적으로 맞닿아 있는 지상 1층은 필로티로 처리하여 주차장으로 계획하였다. 지상 2층 메인 공간으로의 접근을 위한 주 진입로는 일상적 영역과 비일상적 영역을 연결하는 최초의 과정적 공간으로서 일주문을 연상케 하는 캐노피와 108열주를 통해 다른 영역으로의 전이라는 점증적인 공간적 체험을 가능케 한다. 3층에 자리한 전시공간과 예불공간으로 연결되는 반전된 형상의 두 개의 계단이 하나의 접점에서 만나도록 디자인된 독특한 형상의 계단은 지상 1층 및 지하층과 연결되는 계단과는 분리하여 계획하였다. 이는 두 번째의 과정적 공간으로 단순히 상하부 층을 연결하는 기능적 장치가 아닌 또 다른 공간으로의 전이를 암시하는 상징적 공간이다. 수공간에 면해 설치된 이 계단을 오르면 전시장임을 알리는 문과 벽의 경계점에 있는 다소 과장된 스케일의 벽문과 마주하게 된다. 전시장은 제한된 공간 내에서의 경험의 극대화를 위해 연속된 흐름 속에서 세 개의 공간으로 나뉘게 된다. 진입부의 좁고 기다란 선적인 공간을 지나 수직적 열주의 공간을 돌면 넓은 메인 전시공간에 다다르게 되는 공간적 체험을 유도하였다. 전시장 맞은편에는 예불공간이 자리하고 있다. 목재 루버로 위요되어 있는 브리지 너머로 천창을 통해 은은하게 스며드는 자연광 아래 놓여있는 석불을 바라보며 진입하게 되는데, 이것이 바로 세 번째의 과정적 공간에 해당된다.

이 예불공간은 동선 계획상 물리적으로는 가장 멀리 위치해 있으며, 시각적으로는 가장 가까이 위치해 있다. 초입에서 바라볼 때 금강경 전문이 인쇄된 실크스크린 유리와 석재 패턴이 만나는 코너에 위치한 커다란 창 너머로 보이는 처마 부분이 바로 예불공간이다. 이 예불공간은 커다란 직사각형의 대강당 볼륨 안에 또 하나의 정방형의 볼륨으로 떠 있게 된다. "공간 안의 공간"으로 타공된 구로강판으로 감싸여 있는 이 공간은 Mobility를 위한 두 번째의 가변적 공간으로, 전동으로 개폐되는 벽으로 인해 대강당과 하나의 공간으로 연결된다.

_ 이성관

설계: 이성관(㈜건축사사무소 한울건축)+곽홍길(㈜종합건축사사무소 건원) **위치:** 서울시 강남구 자곡동 285 **용도:** 문화 및 집회시설(박물관) **대지면적:** 1,984.28㎡ **건축면적:** 987.04㎡ **연면적:** 1,498.58㎡ **건폐율:** 49.74% **용적률:** 62.98% **규모:** 지하 1층, 지상 3층 **구조:** 철근철골콘크리트조 **외부마감:** 포천석골다듬 및 물갈기, 적삼목, 실크스크린유리 **내부마감:** 구로강판, 적삼목, 마천석버너, 포천석버너 **설계:** 2007.3~2008.4 **시공:** 2008.6~2010.3 **주요 수상:** 2010년 한국건축가협회상, 한국건축문화대상 대상, 서울특별시건축상 최우수상, 제1회 김종성건축상 **주요 출판:** 『건축가』(2010.7/8), 『건축문화』(2010.10), 『건축』(2011.4)

2009~2010
조남호의 살구나무집
경기도 용인시 수지구 죽전동

주택은 건축의 한 부분이지만, 보통 사람의 '일상(everyday)'이든 하이데거식 '거주(Wohnen)'든, 삶의 총체성을 담아내야 하는 까닭에 일반 건축과 구분해 다루기도 한다. 그만큼 건축 가운데 주택이 차지하는 위상이 크고 독특하다는 말이다. 때문에 조남호(1962~)가 설계한 살구나무집(2009~2010)이라는 주택이 이 책에 포함된 것은 한국 현대건축에 관한 전체 논의에 균형감을 준다는 점에서 자체만으로도 중요하다. 그런데 못지않게 중요한 점은, 십수 년 전 지어진 이 집이 "아파트 공화국"이라 불리는 대한민국에서 아파트를 벗어나 단독주택으로 회귀하길 원했던 많은 이들의 당시 열망을 잘 반영한다는 사실에 있다. 살구나무집(맞닿은 대지의 윗집과 아랫집) 두 채가 지어지고 아파트 전문가인 두 교수 건축주(박철수·박인석)가 그 과정과 의미를 담아 『아파트와 바꾼 집』(2011)을 출판한 때는 이른바 '땅콩주택' 신드롬이 일던 때와 겹친다. 2010년 처음 건축된 땅콩주택은 건축가와 신문기자가 한 대지에 두 집을 붙여 지어 비용을 대폭 낮춘 집인데, 둘은 2011년 초 『두 남자의 집짓기』(이현욱·구본준)를 출판하며 열풍을 일으켰다. "3억대로 지은 집"(땅값과 건축비를 모두 합한 한 집당 비용, 사실은 거의 4억에 육박)이라는 문구로 유명한 땅콩주택과 비교하면 살구나무집이 훨씬 고급인 것은 맞지만, 아파트를 탈출해 단독주택을 짓고자 하는 이들에게 이른바 '집장사 집'과 '건축가 집' 사이의 실천적 대안을 보여준 것으로 의미가 크다. 마당 딸린 집에서 자녀를 키우고 싶은 젊은 부부로부터 흙 내음 맡는 노년을 바라는 은퇴자에 이르기까지, 건축가 말마따나 "깃듦의 건축"을 소망하는 이들에게 살구나무집은 요긴한 참조점이 된다고 하겠다. 10여 년이 지난 현 시점에서는 탈 아파트 열풍이 그때만큼 도드라져 보이지는 않는다. 아파트 불패신화는 논외로 하더라도 1인 가구 증가와 출생률 저하 현상이 크게 나타났기 때문이기도 하고, 각종 TV 프로그램에서 보듯 단독주택에 대한 대중의 관심이 이미 보편화됐기 때문이기도 할 것이다.

살구나무집은 예산적 측면에서뿐만 아니라 건축 전반이 요하는 보편적 견실함을 바탕으로 한다. 건축가 조남호가 평소 보여준 지향점이다. 특히 건물 지붕의 경골목구조는 이 구법에 천착해 온 조남호의 전형성을 보여주는 부분이라 하겠다. 뿐만 아니라 이 집의 목구조가 갖는 경량성과 친밀함은 주택 건축이 담는 일상의 소소함을 반영하며, 건축가의 입장처럼 건축 논의가 지나치게 무겁거나 사변적으로 흐르는 것을 제어해 주는 것 같다. 근래의 목조건축에 대해서는 앞에서 최삼영의 갤러리 소소[3장]와 연계해 조망했다. 그러면서 조남호의 최근작 '숨쉬는 그물'(2023)과 '숨쉬는 폴리'(2023)도 잠깐 언급했었는데, 목조 재래의 가구식 구법을 넘어서려는 그의 실험에 대해서는 추후 별도의 고찰이 필요해 보인다.

지붕 목구조를 보여주는 모형

땅집에 살어리랏다:
용인시 죽전동의 살구나무집에 대한 소고

경기도 용인시 죽전동 '살구나무 윗집'과 '살구나무 아랫집'은 명지대 박
인석 교수와 서울시립대 박철수 교수의 신축 단독주택이다. 각각이 연면
적 약 80평(지하 1층, 지상 2층) 전후로서 100평 남짓의 경사 대지에
섰고, 두 필지는 위아래로 대지 경계선을 일부 공유한다. 철근콘크리트
조 치장벽돌 마감에 징크판을 씌운 목구조의 박공지붕, 그리고 '아랫집'
가로면의 노출콘크리트 담장은 이 주택들이 보여주는 첫인상이라 하겠
다. 이 같은 대지 조건과 상당한 규모, 그리고 다양한 재료 사용에도 불
구하고 살구나무집은 땅콩주택을 연상시킨다. 두 집을 함께 지었다는 면
에서, 이른바 '집장사 집'과 '건축가 집' 사이의 경제적 경계를 모색했다
는 면에서, 그리고 오랫동안 '편안히(?)' 살던 아파트와 단독주택을 맞바
꾸는 도전을 감행했다는 면에서 그렇다. 더불어 두 경우 모두 각각의 프
로젝트를 하나의 실험으로 여기며 대중에게 대안적 주거문화에 대한 강
력한 메시지를 전달코자 한 측면이 강한데, 땅콩주택의 건축주와 건축가
가 지난 봄 출판한 책은 벌써 여러 판을 거듭하며 땅콩집 열풍을 일으키
고 있고, 살구나무집의 건축주들 역시 이 주택에 대한 저서의 탈고를 목
전에 두고 있다.

　　땅콩주택보다 먼저 계획되었던 교수님들의 집짓기가 한국의 주거문
화에 관한 중요한 이슈를 보다 대중적 프로젝트에 선점당했다는 것은 무

척이나 공교로워 보이기도 한다. 하지만 두 경우 모두를 통해 우리는 우리의 주거에 대해 더 다층적으로 고찰할 수 있으리라. 살구나무집은 이이슈 이외에도 건축학(더 정확히는 공동주택단지 계획학) 전공 교수들이 자신들은 설계에 관여하지 않은 채 프로젝트를 건축가에게 전폭 맡긴점, 그리고 한국 현대건축계에 목구조의 새로운 가능성을 보여줘 주목받아 온 조남호가 그 건축가라는 점 등 눈여겨 볼 주제를 여럿 갖는다. 그럼에도 불구하고 이 역시 아파트에서 단독주택으로의 '귀거래사(歸去來辭)'라는 폭넓은 테마로 수렴된다 하겠다.

21세기의 첫 10년을 보낸 대한민국의 주거문화는 분명 새로운 패러다임을 맞이하고 있다. 은퇴 후 아파트 숲을 벗어나 교외의 개인주택에서 노년을 보내고자 하는 것은 대부분의 도시 직장인들이 갖는 꿈이며, 아파트 정도의 편의성만 갖추어진다면 (아니 그중 일부를 포기해서라도) 마당 딸린 집에서 아이들을 키우고 싶어 하는 것이 최근 30~40대젊은 부부들 사이의 로망이 되어버렸다. 그동안 아파트라는 주거유형이선사했던 안락함과 효율성의 극대화는 그만큼 긴 그림자를 드리웠던 듯싶다. 굳이 프랑스 지리학자 발레리 줄레조의 『아파트 공화국』(2007)을거론치 않더라도 우리는 알고 있다. 지난 세기 아파트 개발 이면에 숨겨진 정부와 건설회사 간의 정치적 야합은 공공연한 비밀이었고, 압축 경제성장기 아파트가 내포했던 서구적, 근대적 고급 이미지에 깊숙한 균열이 간 지 벌써 오래며, 아파트 재개발을 통한 부동산 가치상승에 대한 기대는 더 이상 보편적 실효성을 갖지 못한다는 것을. 높아질 대로 높아진아파트는 이제 땅으로 내려올 '출구전략'을 모색할 때다.

살구나무집에서 건축가와 건축주가 일차적 주안점으로 삼은 것은 건축가의 관념적 작품세계나 건축물의 내적 담론이라기보다 이 주택의 생산이 처한 사회경제적 측면의 문제였다. 이를 직설적으로 말하면 일반시장의 주택 생산비용(약 400만 원/평)과 건축가가 디자인한 주택의 생산비용(약 700만 원/평) 사이의 괴리를 극복하는 문제로 환원되는데, 그 괴리는 건축가가 원하는 디테일에 부합하는 다양한 양질의 건축 디테일 품목이 시장에 부재하(거나 너무 비싸)다는 사실에 기인한다. 결국 건축가의 디자인은 상당 부분이 주문 제작되어 높은 단가가 책정될 수밖에 없고, 일반 중산층이나 서민은 '감히' 건축가 사무실의 문을 두드릴 수 없는 것이 현실이며, 이는 다시 건축시장의 양극화를 부추기는 인자가 된다. 이러한 현실에 대응해 건축가 조남호는 가용한 건축자재 및 인력 등 시장의 현실을 적극 수용함으로써 살구나무집의 생산비용을 평당 약 500만 원 정도로 유지할 수 있었고, 그러면서도 건축학과 교수들 주택으로서의 품격을 한껏 고양시켰다. 이는 거꾸로 그간 건축가들의 고상함이 우리의 현실적 건축시장에 대한 적극적 포용을 게을리 했음을 반증한다고 볼 수도 있다. 좋은 건축이란 굳이 고급 자재를 두른 값비싼 사치품일 필요가 없다. 조금만 다르게 생각한다면 손쉽게 구할 수 있는 자재와 인력을 들여서도 우리의 존재와 삶을 진지하게 수용할 수 있는 건강한 건축을 만들 수 있는 것 아닌가. 평당 건축비로 약 400만 원이 소요된 땅콩주택이 (여러 한계에도 불구하고) 일부 이를 반영하며, 그 이하로 비용을 낮춘 젊은 건축가들의 최근 도전(「건축가의 저렴주택 도전기」, 『SPACE』, 2011.6) 역시 기존 질서의 재편 가능성을 담지한다. 조남호가 주장하는 '보편적 주택'이란 이 같은 사회경제적 토대 위에 가능할 터인데, 살구나무집은 이러한 토대 구축을 위한 징검돌 하나가 될 것이며, 이 집의 건축가와 건축주가 갖는 무게감은 그 기초를 더욱 튼실히 보강해준다 하겠다.

그렇다 할지라도 보통 사람들이 개인주택을 가질 수 있는 사회경제적 구조 마련 자체가 우리의 최종 목적지가 될 수는 없다. 이를 통해 우리는 보다 근본적인 '땅에 뿌리내림'과 거기에 '깃들어 삶'의 문제로까지 나아가야 한다. 하이데거가 암시한 건축의 가장 원초적 행위인 '짓기

(Bauen)'와 '살기(Wohnen)', 그리고 이에 더한 '생각하기(Denken)'의 문제는 그 원초성만큼이나 거주(居住)에서 본질적인데, 그간 우리는 대량생산의 '공중주택'에만 갇혀 이를 잊고 살아왔다. 온몸으로 땅을 밟고, 흙내음과 살내음을 섞어내는 것은 공중의 가로와 공중의 정원에서는 감히 생각할 수 없는 '땅집'에서만 가능한 행위이다. 거실과 앞마당을 오가며, 1~2층 계단을 오르내리며, 그리고 뾰족지붕의 천장을 몽상하며 쌓아가는 삶의 때깔은 살구나무집이 맞이할, 그리고 새로운 사회경제적 토대 위에 세워질 수많은 땅집들이 맞이하고픈 '거주의 존재론'일 것이다. 아직 채 한 해를 보내지 못한 새 삶이다. 해를 따라 살구나무 나이테가 더해가듯, 살구나무 위아래집이 켜켜이 쌓아가게 될 기억의 자욱들을 기대해보자.

윗집
1. 드레스룸
2. 침실-1
3. 안방
4. 거실
5. 식당
6. 주방

윗집 지상1층 평면도

아랫집
7. 침실-1
8. 침실-2
9. 가족실

N

아랫집 지상2층 평면도

0   5   10   15 (m)

평면도

윗집
1. 파우더룸
2. 가족실
3. 침실-1
4. 거실
5. 작업실

아랫집
6. 침실-1
7. 서재
8. 현관
9. 다용도실
10. 식당
11. 보일러실

입면도 및 단면도

조남호의 살구나무집

살구나무집 전경

한국 현대건축 산책

윗집 거실 쪽 외관

윗집 거실

조남호의 살구나무집

아랫집 내부 계단

아랫집 외관

한국 현대건축 산책

건축가의 말

브랜드 아파트를 구매하는 일에 비해, 집 짓는 일은 건축주에게도 많은 노고를 필요로 한다. 그럼에도 단독주택을 짓는 이들의 특징은 대부분 경제력이 있어서라기보다는 영위하고자 하는 삶의 공간에 대한 요구가 분명하다는 점이다. 살구나무집은 하우징을 전공하는 두 분의 건축학 교수와 가족들을 위한 집이다.

우리는 이 집을 통해서 보편적 가치를 실험해보기로 했다. '보편적'과 '실험'이라는 표현은 의미상 공존하기 어려운 모순된 관계지만, 흔히 이야기하는 그 보편이 존재하지 않는 상황을 전제한다면 가능해진다. 미국이나 일본, 유럽 어느 곳을 가든 그 지역 고유의 보편적인 집짓기 방식이 있다. 그런 보편성을 배경으로 이루어지는 실험적인 주택들은 다름의 가치를 극명하게 드러낸다. 하지만 큰 틀에서 보면 다름만 존재하는 환경 속에서 실험성은 '다름'들 사이에서 구별하기 어려워진다.

필자는 새건축사협의회에서 운영하고 있는 '하우징 렉쳐'에서 강의를 들으면서 나름대로 내린 결론은 다소 비판적인 것이었다. 수많은 연구자와 건축가들이 있지만, 지엽적이고, 개념화된 논리와 날선 생각의 통렬함을 통해 차이를 만드는 데 관심을 둘 뿐이다. 중요하지만 포괄적이어서 무뎌 보이는 일에 헌신하는 사람이 없다는 것이었다. 우리 풍토에 맞는 재료와 구축법, 지붕과 처마, 그리고 전통 공간의 가치와 새로운 생활 공간, 모두가 납득할 수 있는 공사비 사이의 통합된 논의와 조율이 필요하다.

아파트를 제외한 우리의 주거 시장은 양극단만 존재한다. 한편의 소위 집장사들에 의해 지어지는 대중들을 위한 집들은 재료도 제각각이고 내부 구성은 방의 수만 중요할 뿐, 품격은 사라진 지 오래다. 또 한편의 건축가들의 작업은 설계비보다도 더 부담스러운 공사비로 인해 1% 미만의 사람들에게만 기회가 주어진다. 건축가들은 비용과 공간의 잉여를 이용해 생각의 잉여를 모두 다르게 표현한다. 가치의 평가는 건축계만의 일이지, 활기찬 도시를 만드는 일과는 거리가 있다.

살구나무집을 우리는 '깃듦의 건축'으로 정의할 수 있다. 건축가의 창의적 의지와 건축주의 거주하기 과정이 양립할 수 있는 가능성을 탐구하는 일이다. 공간 구조 속에서 거주성을 어떤 새로운 방식으로 변화시켰고, 시간적 변화에 따라서 깃듦은 어떻게 진행되었는지에 대해, 보다 실천적인 입장에서 집을 바라보는 방법을 모색하는 것이다.

살구나무집 설계에서 일상적 가치는 중요한 단서다. 박공지붕을 가진 벽돌집은 전원주택에 대한 통속적 로망이라고 비하할지 모르지만, 자연에 대항하지 않고 순리에 따르는 방법이다. 아파트 평면같이 깊은 평면의 겹집은 내밀하고 편안한 집을 만들어주고, 다른 한편 외벽면율을 줄여 에너지 절감 효과를 기대할 수 있다. 외형적으로 평범한 형태들은 내부 공간에서 박공의 끝 부분을 수벽으로 분절시키거나 겹 지붕을 두는 방식으로 공간의 성격을 변화시킨다.

살구나무 아랫집은 밑변이 넓은 대지 형상에 따라 겹집+부분 홑집으로 배치되면서 내외부 공간 간의 관계가 중요해졌다. 모든 공간은 대지의 길이와 평행한 방향으로 내외부 공간이 연속적으로 흐른다. 이러한 공간의 흐름은 공간의 유용성을 극대화 한다.

살구나무 윗집은 '田'자 형태의 평면이 겹쳐져 만들어진 온전한 겹집으로 아랫집에 비해 엄정한 기하학적 질서를 갖는다. 각각의 공간들은 평면 상부에 분절된 정사각 평면 위에 박공 천장면을 갖는다. 기하학적 질서의 천장과 연속적으로 흐르는 일상적인 생활 공간이 대비되어 나타난다.

_조남호

설계: 조남호(솔토건축) **위치:** 경기도 용인시 수지구 죽전동 **용도:** 단독주택 **대지면적:** (윗집) 408.00 ㎡, (아랫집) 337.50㎡ **건축면적:** (윗집) 141.13㎡, (아랫집) 134.26㎡ **연면적:** (윗집) 327.94㎡, (아랫집) 263.29㎡ **건폐율:** (윗집) 35.08%, (아랫집) 39.78% **용적률:** (윗집) 57.87%, (아랫집) 59.11% **규모:** 지하 1층, 지상 2층 **구조:** 철근콘크리트조, 경골목구조 지붕 **외부마감:** 치장벽돌, 스터코 **설계:** 2009.10~2010.3 **시공:** 2010.5~2010.12 **주요 출판:**『건축가』(2011.7/8),『아파트와 바꾼 집』(박철수·박인석; 동녘, 2011)

2006~2011

익스뛰 아키텍츠의 전곡선사박물관

경기도 연천군 전곡읍 전곡리

경기도 연천의 전곡선사박물관(2006~2011)은 2006년 UIA(국제건축가연맹) 공인 국제설계공모를 통해 프랑스 건축가의 디자인을 선정하고 건물을 완성했다는 점에서 눈에 띈다. 당선작은 익스뛰 아키텍츠(X-TU Architects)의 니콜라 데마지에흐(Nicolas Desmaziéres, 1962~)와 아눅 르정드흐(Anouk Legendre, 1961~)가 제안한 '선사유적지로 통하는 문'이라는 작품이다. 1995년 국립중앙박물관 국제공모 이래 국내의 여러 공공 건축물이 유사한 절차로 디자인을 선정해 지어지고 있으니 이게 그리 새롭지는 않으나, 오히려 그 같은 건축계의 상황을 반영하므로 이 사례는 더 유의미하다고 하겠다. 2007년의 DDP(동대문디자인플라자, 2007~2013) 지명공모도 (UIA 기준으로 하되 공인은 아니었다지만) 비슷한 예다. 자하 하디드(Zaha Hadid, 1950~2016)라는 건축가의 세계적 명성, 서울의 상징성, 동대문의 역사적 콘텍스트와 관련된 민감한 문제, 규모, 파라메트릭 디자인, 정치적 이슈 등으로 DDP가 세간의 이목을 끈 것은 주지하는 바인데(Hyon-Sob Kim, 'DDP Controversy and the dilemma of H-Sang Seung's "landscript"', *JAABE*, May 2018), 워낙 화제가 된 건물이 뒤따른 까닭에 전곡선사박물관은 상대적으로 소박해 보였고 그래서 주목도가 떨어질 수밖에 없었다. (그래도 이 건물은 2012년 한국건축문화대상, 2013년 한국건축가협회상 등의 수상작이다.) 둘은 유려한 곡선형의 금속 외피를 두른 점도 유사하며, 각기 불시착한 우주선과 견줘지기도 했다. 다만 전곡리 우주선의 외피는 동대문의 것에 비해 훨씬 높은 반사율을 갖는다는 점에서 확연히 다르다.

아슐리안 주먹도끼로 대표되는 전곡리의 구석기 유물·유적과 익스뛰 아키텍츠의 미래주의적 디자인은 역설적이지만 효과적인 공존을 꾀한다. "과거와 미래를 잇는 다리"라는 표현이 그 같은 공존을 여러 층위에서 말해주는 것 같다. 나지막한 계곡을 다리처럼 가로지르는 박물관이 이쪽과 저쪽을, 즉 과거와 미래를 이어준다고 해석할 수 있고, 고광택의 건물 표면이 주변 자연과 유적지 풍경을 고스란히 반사하는 데서 타임머신의 시간여행을 떠올릴 수도 있기 때문이다. 게다가 건축가 말마따나 타임캡슐로서의 박물관 내부는 "미래주의적 동굴"로서 "인류 진화와 관련된 모든 것을 전시"하고자 했으니, 과거와 미래을 공존시키려는 기획은 나름 유효했다고 하겠다. 건축가의 작업 범위를 넘어선 부분에 대해서는 이 평론이 유보적으로 평가했지만 말이다. 한편, 공모전 원안이 현실적 이유(당초 생각된 지형과 실제 지형의 차이, 고구려 유적 발굴, 비용 등) 때문에 그대로 유지되지 못한 것(땅속에 묻혔던 건물 양단이 외부로 다 드러났고 브리지 길이가 짧아져 세장미가 사라진 점 등)은 아쉽다 하겠으며, 건축과 전시 혹은 외관과 인테리어의 관계는 계속 발전시켜야 할 문제로 보인다. 이 평론이 언급한 후지모리 테루노부(藤森照信, 1946~)의 동굴론(2001)은 일본 신석기시대인 조몬시대(繩文時代)의 수혈주거를 상정한 개념으로, 필자의 졸고 「후지모리 테루노부 건축의 동굴 개념에 대한 고찰」(『건축역사연구』, 2014.8)을 참고할 만하다. 역사라는 게 신화(화)와 탈신화(화)의 교차와 변증이라면 박물관은 그 같은 변증이 일어나는 물리적 공간이다. 익스튀 아키텍츠의 디자인이 터를 만들었으니, 건축과 풍경의 관계나 건물 내부와 외부의 관계에서든 전시 자체의 내러티브에서든, 앞으로 그런 변증을 더 긴밀히 진행시켜 가야 할 것이다. 경기도 북단의 미래주의 우주선이 서울 도심의 DDP 못지않게 건축과 역사에 관한 비판적 논의를 생산할 수 있는 방법이다.

『건축가』, 2014.5/6

과거와 미래가 공존하는 방식:
전곡선사박물관에 대한 소고

익스뛰 아키텍츠(X-TU Architects)가 2006년의 전곡선사박물관 현상설계에서 선보인 조감도는 여러 연상 작용을 불러일으킨다. 이는 마치 커다란 모래 언덕 사이에 파묻혔던 기이한 오브제가 흙먼지 속에서 서서히 모습의 일부를 드러낸 형상이랄까? 그 오브제는 매머드의 납작한 뼈다귀일 수도 있고, (굳이 전곡리의 아슐리안 주먹도끼가 아니더라도) 구석기인들이 사용했을 법한 원시적 도구일 수도 있다. 단, 이 물건은 선사의 투박한 뗀석기와 정반대인, 극도의 하이테크 문명에 의한 무엇임에 틀림없으리라. 또 한편으로 그 조형은 마치 건축가가 사무소 이름의 'X'를 은밀히 형상화한 듯한 억측마저 가능케 한다. (건축가의 의도는 불확실하나 그 같은 암호는 실현된 건물 1층 정면의 창 앞에 일렬로 늘어선 X자 기둥에 나타난다.) 건물의 형태와 관련된 이 같은 연상과 억측이 오히려 그리운 것은 설계변경을 통해 2011년 완성된 최종 건물이 애초에 의도했던 형태 도출의 논리로부터 거리를 갖게 되었기 때문이다. 특히 땅속에 양단이 박혔던 초기안의 건물이 지면 위로 완전히 모습을 노출하여 독립됨으로써 (계곡의 깊이가 건축가의 처음 생각보다 낮았음을 감안하더라도) '출토(出土)'라는 고고학적 발굴 과정의 형상화가 퇴색하는 아쉬움을 남겼다. 그 아쉬움은 '동굴'이라는 개념이 실내 공간의 내적 논리로 한정될 수밖에 없게 된 것으로도 이어진다.

그럼에도 불구하고 전곡선사박물관은 과거와 미래가 공존하는 방식을 꽤 효과적으로 제시한 듯하다. 설계경기의 지침에 따른 것이긴 하지만, 건축가는 과거를 떠올리기 위해 과거의 이미지를 차용하지 않는다. 21세기의 박물관이 '선사(先史)'를 담기 위해 굳이 원시적이고 토착적인 건축법을 선보일 필요는 없을 테다. 토착문화를 담는 박물관을 위한 두 가지 다른 해법은, 예컨대, 일본 나가노현 스와 지역에 건축된 후지모리 테루노부의 진초칸모리야사료관(神長官守矢史料館, 1989~1991)과 이토 토요의 아카히코기념관(赤彦記念館, 1992~1994)에서 극명하게 대비된 바 있다. 전곡리의 선택은 후자의 방법이었다. 즉, 토속적 자연주의 대신 미래주의적 조형을 통해 과거의 과거됨을 더욱 부각시킨 것이다. 이를 위해 건축가가 채택한 구체적 디자인 전략은 우선 유선형의 건물 몸체로 대변된다. 이런 점이 극단화된 예가, 작금의 우리 건축계에 논란을 불러일으킨, 자하 하디드의 DDP가 보여준 비정형의 파라메트릭 디자인일 것이다. DDP에 비하면야 전곡선사박물관이 형태적으로는 조금 단순하지만, 전곡리의 매무새를 동대문의 것보다 더 도드라지게 한 점은 외장재의 선명한 금속성이었다. 건축가는 고광택의 스테인리스 스틸을 외피로 선택함으로써 건물의 하이테크적 이미지를 배가함과 동시에 구석기의 산천을 반사하여 과거와 미래를 공존시킨다. 그리고 저녁의 어스름이 깔릴 즈음부터 외피에 불규칙하게 산개한 구멍을 통해 새어나오는 빛은 과거로의 시간여행을 위해 발동하는 타임머신의 신호와도 같다.

계곡 사이에 놓인 지하 1층 레벨의 입구를 통해 타임머신에 탑승한 승객은 로비의 계단을 타고 주 전시실인 1층으로 오른다. 그러면 이곳에서 전곡리의 돌도끼를 비롯한 선사시대의 여러 유물 및 인류의 진화와 관련한 다양한 전시를 경험하게 된다. 이 실내 공간의 가장 큰 건축적 특성으로는 벽과 천장의 끊김 없는 곡선형 접합을 들 수 있다. 드문드문 서 있는 기둥 역시 천장이나 바닥과 곡선을 그리며 만나 디자인의 일관성을 유지한다. 이 같은 인테리어는 일차적으로 건물 외부의 곡면형과 조응하기 위함에 다름 아니겠으나, 더 나아가 동굴 개념의 현대적 형상화로 간주할 수 있다. 천장과 바닥에서 튀어나온 이따금의 돌출부는 석회동(石灰洞)에서 아직 석주(石柱)가 되지 못한 종유석과 석순을 암시한다. 흥미롭게도 전곡선사박물관의 동굴 이미지는 전술한 후지모리가 제안한 바 있는 동굴론(2001) 가운데 하나인 "벽과 천장이 직각이 아닌 곡선으로 만나 동질성을 유지한다"는 특성을 떠올리기도 한다. 그러나 이 실내 공간의 동굴도 외형과 마찬가지로 과거를 지향하지 않는다. 순백으로 미끈하게 마감된 벽과 기둥은 현대적이고 미래적인 감성을 물씬 내포하기 때문이다. 원시의 동굴 공간은 전시장 일부에 복제해 둔 라스코와 알타미라의 동굴만으로도 충분하다고 판단했던 듯싶다. 한편, 박물관 옥상에 마련된 산책로는 (이곳에 이르기 위해서는 다시 계곡의 출구로 나와 외부의 우회로를 거쳐야 하는 불편함이 있는데다 그 자체도 단일한 동선만을 제공하는 아쉬움이 있으나) 미래로부터 태고의 자연을 감상할 수 있는 장이 된다.

하지만 '과거와 미래를 잇는 다리'라는 건축가의 개념이 완공 시점에서 해당 건물에 한해 유효했다고 할지라도, 박물관 전체의 '과거와 미래'를 얼마나 효과적으로 이어주고 있는지는 미지수이다. 일례로 박물관 주변의 이곳저곳에 위치한 이글루 형상의 파빌리온들은 화장실이나 현장 체험공간으로 추후 제작된 듯한데, 모티브의 당위성은 둘째 치더라도 모건물의 이미지를 매우 서툴게 차용함으로써 당초 건축 개념의 미래적 확장성에 심각한 타격을 준다. 또한 건축가가 박물관을 선사유적지를 향한 관문으로 제안했지만, 실상 박물관 건너편 유적지의 외부 체험장이 놓인 품새의 리얼리티는 이 미래주의 조형물에서 부풀었던 픽션과의 차이를 너무도 적나라하게 지시하고 있다. 완공된 지 3년이 지난 건물에 대한 평이라면 그 건물이 어떻게 그 시간의 폭을 아우르고 있는지에 대한 관심 역시 포함할 수 있어야 할 것이다. 이리 볼 때, 이 박물관에 대한 논의는 단지 건축물이나 건축가에 대한 비평을 넘어서 박물관의 운영 전반에 대한 비평으로 이어질 수 있으며, 과연 건축가의 역할이 어디까지인가에 대한 근본적인 질문 역시 수반한다고 하겠다. 비약컨대 박물관이라는 곳이 대상의 신화화(mythification)와 그를 비판적으로 수용함에 따른 탈신화화(demythification)가 공존하는 공간이라면, 멋들어진 전곡리의 신화는 후자가 배제된 채 예기치 않은 측면에서 허구적 틈새를 엿보인 셈이다.

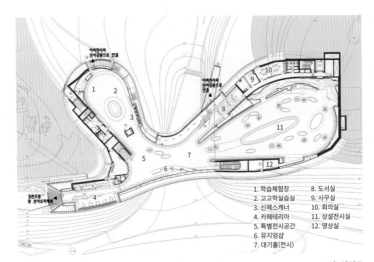

1. 학습체험장	8. 도서실
2. 고고학실습실	9. 사무실
3. 신체스캐너	10. 회의실
4. 카페테리아	11. 상설전시실
5. 특별전시공간	12. 영상실
6. 뮤지엄샵	
7. 대기홀(전시)	

1층 평면도

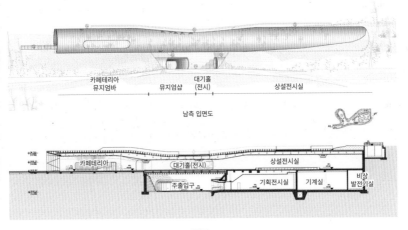

카페테리아
뮤지엄바   뮤지엄샵   대기홀
(전시)   상설전시실

남측 입면도

카페테리아   대기홀(전시)   상설전시실
주출입구   기획전시실   기계실   비상
발전기실

단면도

남측 입면도 및 단면도

북쪽에서 본 주출입구

한국 현대건축 산책

지붕 산책로

상설 전시실

전곡선사박물관 전경

익스뛰 아키텍츠의 전곡선사박물관

건축가의 말

먼 옛날 호모 에렉투스가 한탄강을 따라 돌아다니다 전곡에 도착했다. 그들은 강이 만나 자갈 여울이 형성된 이곳에서 자신의 영역을 보호하고 다스리기 시작했다. 전곡은 이동하는 짐승의 무리를 관찰하기에 좋은 지점이자 수천 년간 점유돼 온 완벽한 교차로다. 역사적 현장인 박물관 부지는 두 개의 언덕, 부드럽게 굴곡진 계곡, 한 줄기 야생의 강을 산악이 에워싼 형세를 취하고 있다.

박물관은 두 언덕을 연결하는 다리 역할을 하면서 부드럽게 마음을 달래는 형태여서 풍경을 또렷하게 강조한다. 이는 건축물과 풍경을 혼합한 완전히 새로운 해석으로 대지예술에 가깝다. 건물은 자신에게 향하는 시선을 언덕으로 분산시키면서 주변 산세와 조화로운 관계를 형성한다. 신비하고 미래주의적인 스타일을 통해 관심을 유발한다는 점에서 박물관은 소위 '과거와 미래를 잇는 다리'로도 불리며 빛을 반사해 자신을 비물질화 한다. 우리는 언덕 사이 골짜기에 묻힌 타임머신 같은 타임캡슐을 창조하고자 했다. 마치 공상과학적 꿈처럼 이곳에서 테크놀로지는 아무 말도 하지 않는다. 접합부도 없고 개구부조차 드문, 빛을 반사하는 건물의 레이아웃 뒤에 숨어 있는 것이다. 누구도 이것이 어떻게 가능한지 설명하기 어려울 것이다. 거의 동물과 흡사한 부드럽고 유기적인 형태로 디자인된 박물관은 빛을 반사하여 변화하고 보는 시점에 따라 파도처럼 일렁인다.

한국 문명에서 중요한 의미를 지닌 용에서 영감을 얻어 건물 표피는 구멍이 많이 뚫린 반짝이는 반투명 스테인리스 스틸로 완성해 용의 비늘처럼 보이게 했다. 밤이 되면 이 구멍들은 실내 조명에 의해 투광 조명으로 변한다. 컴퓨터로 제어되는 조명들이 흔들거릴 때면 이 괴이한 형태의 건물은 어둠 속으로 천천히 그리고 용이 숨 쉬는 것처럼 보인다.

한국에서는 반투명 스테인리스 스틸을 잘 쓰지 않기 때문에 처음에는 옥상을 무광 강철로 덮으려고 했다. 무광 강철이 점차 반짝이는 표피로 변해가면서 주변에 신비로운 빛을 발산할 것이라는 계산이었다. 불행히도 그런 점진적인 변화를 창조하는 작업은 쉽지 않았고 결국 우리는 중국에서 날아와 이곳에 안착할 황사를 생각해, 길고 둥근 건물의 광택을 드러내기로 했다. 중국의 바람은 시간의 모래를 표현하게 될 것이다.

자세히 보면 박물관이 지하로 깊숙이 들어앉아 있는데 이는 고고학자들이 끈기 있게 고대 흔적을 캐내고 있는 바닥으로, 숨겨진 땅속으로, 그 지층 속으로 방문객들도 뛰어들도록 하기 위해서다. 박물관은 미래주의적인 동굴, 얕은 공간, 건물 속 동굴로 설계됐다. 박물관 형태는 유기적이고 부드러우며 둥글게 처리했고, 외피는 어떤 직각부도 단절부도 없이 반복적으로 이어진다. 계단을 따라 박물관 입구까지 올라가는 길은 온통 하얗게 표현해 과거 이야기를 더 많이 들려주도록 했다. 천장은 벽과 이어져 바닥과 만난다. 가구와 진열장, 벤치는 내부 표피가 연장된 형태로 돼있다. 동굴 내부에 조각된 블록도 이와 동일하다.

이러한 박물관 요소는 그 심오함 속에서 넓게 열린 구획들과 나무줄기처럼 숲을 이루는 기둥들로, 언덕을 굽어보는 개방형 창문 프레임으로 진정한 경관을 형성하면서 마치 '이주 흐름을 나타내는 지도'처럼 부유하는 오브제들을 드러내고 관람객들을 몰입

하게 한다. [중략]

야외로 나가면 고리 형태의 통로들이 건물 내에서 이루어지는 모든 활동을 연결하고 묶어주는 장소인 옥상으로 이어진다. 수려한 경관이 펼쳐진 박물관 꼭대기에서 우리는 선사시대 인간이 되어 고지를 조망할 수 있다.

_ 익스뛰 아키텍츠

(X-TU Architects, 『SPACE』, 2011.6)

설계: 니콜라 데마지에흐 & 아눅 르정드흐(익스뛰 아키텍츠) + 서울건축　**위치:** 경기도 연천군 전곡읍 전곡리 170-2　**용도:** 박물관(전시실, 고고학체험 실습실, 도서실, 강당, 학예실, 수장고, 카페테리아 등)　**대지면적:** 72,599㎡　**연면적:** 5,350㎡　**전시면적:** 1,713㎡　**규모:** 지하 1층, 지상 2층　**구조:** 철근콘크리트조, 철골조　**외부마감:** 곡면타공 스테인리스 스틸, 접합복층유리(부분 컬러필름)　**설계:** 2006.3~2008.10　**시공:** 2009.2~2011.4　**주요 수상:** 2012년 한국건축문화대상 우수상, 2013년 한국건축가협회상, 2015년 대한민국공공건축상　**주요 출판:**『건축문화』(2006.5),『SPACE』(2011.6),『건축가』(2014.5/6)

2006년 현상설계 조감도

위성 사진

10

2009~2011
시스템 랩의 폴 스미스 플래그십 스토어
서울시 강남구 신사동

미국 유학과 실무를 마치고 2003년 귀국한 김찬중(1969~)은 이후 20년에 걸쳐 한국 건축계에 자기만의 포지션을 확립해왔다. 2006년부터 2011년까지는 홍택(1967~)과 '시스템 랩'(혹은 '_시스템 랩')을 함께 운영했으며, 이듬해 '더_시스템 랩(The_System Lab)'으로 독립해 오늘에 이른다. 그가 확립한 포지션은 건축 생산방식의 측면과 그 결과로 도출된 건축 어휘의 측면으로 나눠볼 수 있다. 첫째, '(더)_시스템 랩'이라는 건축 사무소 이름이 외연하듯 김찬중은 건축의 생산 혹은 제작방식에 집중하며, 가장 효율적인 체계 즉 '더_시스템'을 찾아왔다. 그리고 근래에는 이를 "프로젝트마다 갖고 있는 가장 최적화된 솔루션"이라 명하게 된다(『와이드AR』, 2016.9/10). 사무소 이름은 그의 건축이 지향하는 '내용'보다 '형식'을 우선 지시하지만 그 '형식'은 '내용'을 결정짓는 요인이며, 주어진 조건에 최적화된 생산 시스템이라는 '형식'은 그의 건축의 '내용' 자체일 때가 빈번하다. 디지털 기술을 바탕으로 한 프리패브리케이션, 폴리카보네이트 모듈, 스티로폼 거푸집, UHPC(Ultra-High Performance Concrete, 초고강도 콘크리트) 등은 그의 생산 시스템을 위한 유용한 수단이다. 사무소 이름에 '건축'이 특정되지 않음은 그 시스템이 건축에 국한되지 않고 여타의 공업 생산품으로도 확장될 수 있음을 내포한다. 둘째, 결과로 도출된 김찬중의 건축 어휘는, 말하자면 전술한 시스템의 '형식'이 만들어 낸 '내용'이다. 그가 지금까지 발전시킨 내용의 스펙트럼은 폭이 넓지만 모듈화된 (플라스틱, 콘크리트 등) 컴포넌트의 반복, 주름진 벽면, 우아한 백색의 곡면, 산업디자인의 명품 브랜드를 연상시키는 선과 면의 감각적 마감 등이 특히 두드러진다. 좀 저돌적으로 말한다면, 그의 건축 어휘는 돌고 돌아 결국 'Form'의 문제와 결부되지 않나 싶다. 건물의 사용자들이 일차적으로 지각하는 것이 '형태'이기 때문이기도 하다. 그런데 'Form'이라는 단어는 내용을 규정하는 '형식'이자 형태를 가능케 하는 '형틀(거푸집)'을 뜻하기도 하며, 궁극적으로는 그의 건축이 지향하는 이데아로서의 '형상'마저도 지시할 수 있기 때문이다(필자의 특강, 「The_ Form Still Matters」, 서울과기대, 2020.11).

이 같은 그의 건축 생산방식과 어휘는 신사동의 폴 스미스 플래그십 스토어(2009~2011)에서도 고스란히 읽힌다. 그 형태로 인해 '마시멜로 (marshmallow)'라는 닉네임이 붙은 이 건물은 홍택과의 파트너십이 마 감되던 시기의 작품이자 김찬중의 전체 포트폴리오 가운데 손꼽히는 대 표작이다. 그러면서도 어떤 작품 못지않게, 이 평론이 프레드릭 제임슨 의 견해를 참조해 말했듯, "산업화 시대에서 '탈산업화' 시대로 전이하는, 더 정확히는 포디즘(Fordism)과 포스트포디즘(Post-Fordism)이 교차 하고 있는" 시대상을 잘 드러내 보여준다. 10년도 넘은 이야기인데, 거시 적 구도에서 보자면 지금도 그 시대상은 크게 다르지 않은 것 같다. 대신 주어진 프로젝트에 '더' 최적화된 '더_시스템'을 향한 건축가의 진화가 계 속되는 것만은 분명하다. 예컨대, 폴 스미스 스토어에서는 스티로폼 거푸 집을 이용한 콘크리트 쉘(shell)의 구현 자체가 획기적이었다. 그런데 이 후에는 하나은행 '플레이스 원'(2014~2017)과 울릉도 코스모스 리조트 (2015~2017)에서 보듯 원하는 형태의 더 얇은 쉘을 구현하기 위해 철 근보강 없는 UHPC가 적극 활용되고 있는 것이다.

폴 스미스 플래그십 스토어와
시스템 랩의 생산 시스템

2011년 서울 강남의 신사동에 들어선 영국 패션 브랜드 폴 스미스(Paul Smith) 본점은 우선 강력한 형태 어휘로 눈길을 끈다. 건물은 전체적으로 미끈하게 마감된 흰색의 비정형 덩어리다. 출입구 이외에는 개구부가 없어 곡면의 살(flesh)로써 세상과 만나는데, 그 관능미는 건물 상단에 불규칙하게 산개되어 있는 원형의 천창들로 심화된다. 이 같은 육감적 유혹과 도시적 세련미가 폴 스미스라는 해외 고급 브랜드의 가치를 고양시키기 위한 전략임은 너무도 자명한 사실이다. 그리고 이러한 몸짓은 명품 부티크가 즐비한 도산공원 주변의 콘텍스트에 부합한다.

하지만 폴 스미스 본점에 나타난 형태에 대한 탐닉은 김찬중과 홍택의 시스템 랩(System Lab)이 성취하기 위해 고투해온 것의 몸체라기보다 결과물일 뿐이다. 물론 비정형의 형태라는 모티브가 있기에 더 큰 추력을 받았겠지만, 김찬중이 누차 강조해왔듯 그들은 새로운 생산체계에 대한 관심으로 지금까지의 실험을 이끌어냈다. 그들의 사무소 이름처럼 말이다. 결론부터 이야기해 보자. 그들이 한국 건축계에 제시한 화두는 '생산' 혹은 '제조'(manufacturing)에 관한 '시스템'이며, 이것은 산업화를 근간으로 하면서도 교묘히 탈산업화에로의 길을 엿보였다고 하겠다.

대개의 건축가들이 재래의 생산방식을 그대로 받아들이거나, 혹은 여기에 약간의 변형을 가하는 정도에서 작업한다면, 시스템 랩의 경우는

'산업화'로 가용한 (그러나 건축가들이 그다지 주목하지 않았던) 생산 시스템을 건축에 적극 도입한다. 산업디자인에 대한 김찬중의 오랜 관심이 여기에 반영된 것으로 보이며, 선박이나 보트의 제조 메커니즘은 좋은 벤치마킹 대상이 된다. 재료적으로 볼 때는 플라스틱의 건축적 가능성에 눈을 뜬 것이 특기할 만하다. 플라스틱 컴포넌트는 공장에서의 표준화된 생산과 현장에서의 용이한 시공으로 공기를 단축하여 경제성을 확보할 수 있다. 한강 나들목 리노베이션(2008~2009)에 사용한 3차원 강화플라스틱 유닛의 반복 사용이 그러했다. 그리고 플라스틱은 재활용 또한 가능하여 예상 외의 친환경성을 내포하기도 한다. 그러나 시스템 랩의 작업은 산업화 시대에서 탈산업화 시대로 전이하는, 더 정확히는 포디즘(Fordism)과 포스트포디즘(Post-Fordism)이 교차하고 있는 현재의 상황을 담지하고 있다. 공공재인 한강 나들목에서도 사실 이들은 여러 종류의 플라스틱 유닛을 사용하며 다품종 소량생산을 제안했었다. 하지만 그러한 전이는 고급 갤러리나 부티크 숍에서 더욱 확연히 드러난다 할 수 있다. 최근 몇 년 사이 설계되고 지어진 샬레 피어니, 래미안 갤러리, 연희동 갤러리, 그리고 본고의 대상이 되는 폴 스미스 플래그십 스토어가 그 예다.

주지하듯 프레드릭 제임슨은 포스트모더니즘을 '후기자본주의의 문화적 논리'로 보고, 거칠게나마 이를 탈산업화, 소비사회, 다국적 자본주의, 포스트포디즘과 같은 선상에 뒀다. 전통적 산업사회가 소품종의 대량생산에 근간한다면, 현대의 포스트포디즘 사회에서는 새로운 디지털 기술을 활용하며 개별 소비자에게 맞춤형 디자인을 선보인다. 폴 스미스의 디자인 품목들이 정말 그러한지는 논외로 하더라도, 그를 위한 강남의 건축물은 까다로운 소비자의 특별 주문에 따른 배타적인 명품 오브제이기를 바란다. (르코르뷔지에가 시트로앙주택을 주창하던 때와는 분명한 차이를 발견할 수 있다!) 이 건물의 인상을 좌우하는 비정형 콘크리트 쉘은 최신의 컴퓨터 모델링을 통해 곡면의 스티로폼 거푸집을 만듦으로써 가능했던 것이다. 그리고 반광택의 산업용 백색 도료 마감은 건축공사의 복잡다단했던 내적 프로세스를 말끔히 지우며, 최종 결과물을 하나의 '상품'으로 내어놓는다.

흥미롭게도 폴 스미스 본점은 우리에게 근대건축사에서의 두 가지 전례를 연상시킨다. 하나는 20세기 초 독일 표현주의 건축의 대표작으로 간주되는 에리히 멘델존의 아인슈타인타워(1920~1924)이다. 이 작품의 유기적 곡면은 콘크리트의 가소성을 상징하고 있으나, 실상은 시공상의 난관으로 벽돌구조에 모르타르 화장술이 덧입혀진 것이다. 이후의 기술적 발전은 철근콘크리트 구조의 조소적 표현 가능성을 크게 열었으나 대개 재질과 구축논리의 야수적 노출을 전제로 했다고 하겠다. 이 같은 배경을 뒤로하고 플라스틱을 생산하듯 콘크리트 곡면 구체(軀體)를 주조하여 물성을 삭제한 시스템 랩의 시도는 참신하면서도 도발적인 제스처라 할 수 있다. (이 점은 건축의 윤리와 미학에 관한 과외의 논의를 필요로 한다. 레이너 배넘의 표현을 빗대어 말해보자. "뉴 코즈메티시즘, 미학인가 윤리인가?" 멘델존 작품을 뒤집은 지구르트 레버렌츠의 후기 교회당 건축을 참조해 보라.)

또 다른 연상작용은 아인슈타인타워보다 한 세대 앞선 시점의 아르누보 건축으로 거슬러 오른다. 폴 스미스가 직접 디자인했다는 매장의 계단 난간이 빅토르 오르타의 타셀주택(1892~1893) 난간과 형태적으로 상당한 유사성을 띤다는 사실은 우연이 아닐지도 모르겠다. 예술지상주의(l'art pour l'art)의 흐름 가운데 있었던 아르누보는 부르주아적 탐미성에 경도되어 대중성이 취약할 수밖에 없었다. 비록 파리 메트로역에서 대중적 확산을 시도하나 이는 산업화 시대에 부적격했기에 단명한 스타일로 남게 된다. 폴 스미스 본점은 상당한 배타성을 내포한 건축으로서, 산업화 초기와 말미라는 둘 사이의 거대한 시대적 간극에도 불구하고 아르누보 건축물에 근접한다. 그러나 이런 류의 건축이 잠깐의 화려한 불꽃으로 남지 않으려면, 혹은 일부 소수만을 위한 양식으로 각인되지 않으려면 아르누보의 흥망에서 교훈을 얻어야 할 것이다. 즉, 공공성의 확보와 더불어 사회구조 전체와의 결구가 중요해 보이는데, 이런 관점에서라면 시스템 랩 시스템의 전망이 그다지 어둡지만은 않은 듯하다. 그들이 추구하는 디지털 테크놀로지와 실현된 작품이 이미 포디즘과 포스트포디즘 모두를 전제로 하며, 표층 아래 심층의 사회체계와 관계하고 있기 때문이다. 하부구조 자체를 변화시키는 데에 견인차가 되는 것이 바로 아방가르드 아닌가? 역사적 전례로의 외유에서도 다시금 회귀된 생산 시스템이라는 테마는 아직은 젊은 시스템 랩이 더욱 매진해야 할 분야인 듯싶다.

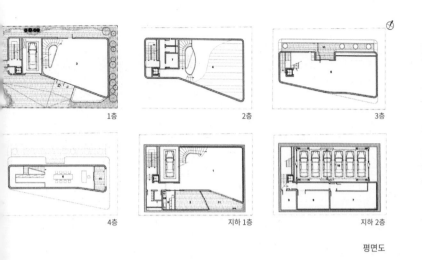

1층   2층   3층

4층   지하 1층   지하 2층

평면도

단면도 겸 입면도

시스템 랩의 폴 스미스 플래그십 스토어   **143**

출입구 외관

상층부 계단실

실내 매장

시스템 랩의 폴 스미스 플래그십 스토어

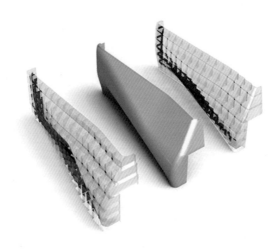

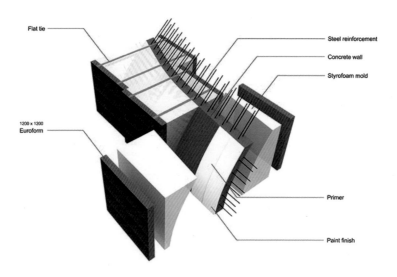

Flat tie

Steel reinforcement

Concrete wall

Styrofoam mold

1200 x 1200
Euroform

Primer

Paint finish

벽체 거푸집 시스템

한국 현대건축 산책

건축가의 말

영국의 세계적인 패션 브랜드인 '폴 스미스'의 아시아 최초 신축 건물인 한국 폴 스미스 플래그십 스토어는 럭셔리 브랜드의 집산지라고도 할 수 있는 강남의 도산공원에 위치해 있다. 이미 다른 프리미엄 브랜드들이 포진해 있고 앞으로 입점할 브랜드들의 각축장이라고도 할 수 있는 이 지역에서 폴 스미스라는 브랜드를 도시 환경 속의 건축물로서 일반인들에게 어떻게 인지시킬 것인가는 우리에게 매우 도전적인 주제로 다가왔다. 우리는 폴 스미스의 브랜드 특징을 소비자의 상황과 해석에 따라 매우 개별적인 반응이 가능하다는 것으로 규정지었다. 부연하자면 폴 스미스의 남성 정장은 소매를 약간 걷어 올리는 것만으로도 엄격한 신사에서 플레이보이(?)로의 변신이 가능하다는 것이며, 이러한 변화의 선택이 철저히 소비자의 상황과 해석에 의존하며, 폴 스미스의 제품은 그것을 가능하게 해 준다는 것이다.

폴 스미스 플래그십 스토어는 도시 환경 속에서 이러한 현상을 유도하는 방향으로 귀결되었다. 건물의 형태는 특정되어진 듯하나 사실 보는 사람에 따라서 각기 다른 해석이 가능하도록 설정되었다. 혹자는 토끼같다고도 하고 낙타, 치아의 일부, 멍게, 동화 속의 집 등등 각양각색의 표현을 이야기하고 있다. 작은 규모이나 도시 내에서 이야깃거리가 생산될 수 있는 가능성을 기대한 것이다. 이러한 형태적인 관점은 사실 법적 테두리 안에서 훨씬 더 강력하게 영향을 받는다.

100평 남짓한 제한된 대지의 조건과 주변의 고밀도 상권들과의 관계에서 폴 스미스가 요구하는 프로그램들이 법적 용적률 내에 들어가기에는 매우 벅찬 조건이었다. 프리미엄 브랜드로서의 인지도를 획득해야 하는 건물들의 속성이 그러하듯이 건축적 형태미의 추구는 용적률을 어느 정도 비움으로써 획득되는 것이 일반적이다. 14대 이상의 주차 대수와 소형 승강기(dumb-waiter)까지 필요로 하는 프로그램의 양적 무게와 전면만 개방된 대지의 조건은 용적률을 비우기에는 한계가 있어 보였다.

대지 내에 이미 존재하고 있는 전면 3미터의 강력한 도로 사선제한 및 정북 사선과 경사지로서의 미묘한 지반 평균값들을 모두 반영한 초기의 용적률을 초과하는 볼륨은, 모든 엣지(edge)들을 곡면 처리하고 절개 또는 연결해 나감으로써 아슬아슬하게 법적 한계치들을 피해나가는 최대 용적률의 콘크리트 쉘(concrete shell)을 구성하게 되었고, 결과적으로 한 층을 더 얹을 수 있었다. 분명 이것은 가장 상업적인 접근이나 건폐율과 용적률을 다 쓰고도 주변의 건물과 비교해 볼 때 상대적으로 비워놓은 느낌을 줄 수 있는 것은 완결성보다는 연속성의 표현이 지배적이기 때문이다. 연속성을 반영한 콘크리트 쉘을 구축하기 위해서 시공사(거현산업)와의 다양하고 밀도 높은 커뮤니케이션이 진행되었고, 우리는 NC절삭기를 이용한 곡면 스티로폼 블록을 최초로 콘크리트 거푸집으로 활용해 보기로 결정하였다. 합판 거푸집을 노동력으로 조립하게 될 경우와 비교해 볼 때, 비용과 공기 면에서 현격한 경제성을 보여준 방법이라고 생각한다.

중성적인 흰색의 반광 산업용 도료의 마감은 이러한 상업적 또는 구축적 현상을 감추면서 더욱 더 애매한 해석의 상황으로 몰고 갈 것을 기대해 본다. 폴 스미스 본연의 모습처럼……

_ 김찬중

최상층 사무실

설계: 김찬중 & 홍택(시스템 랩) **위치:** 서울시 강남구 신사동 650-7 **용도:** 상업시설(매장, 사무실) **대지면적:** 330.20㎡ **건축면적:** 194.73㎡ **연면적:** 919.27㎡ **건폐율:** 58.97% **용적률:** 149.87% **규모:** 지하 3층, 지상 4층(최고 높이 14.82m) **구조:** 철근콘크리트조 **주요마감:** 구체 위 지정도장, (바닥)THK30고흥석 **설계:** 2009.8~2009.12 **시공:** 2009.12~2011.3 **주요 출판:**『SPACE』(2011.5),『건축가』(2012.1/2),『와이드AR』(2016.9/10)

11

2011~2012

와이즈건축의 전쟁과여성인권박물관

서울시 마포구 성산동

한국 현대건축 산책

와이즈건축(Wise Architecture)의 전숙희(1975~)와 장영철(1970~)
은 지금이야 어느 정도 중견으로 정착했다고 할 수 있으나, 전쟁과여성
인권박물관(2011~2012) 작업 당시에는 40세 전후의 '젊은 건축가' 커
플이었다. 승효상의 이로재에서 만난 이들은 미국에서의 유학과 실무 후
2010년 귀국했는데, 이듬해 문화체육관광부가 수여하는 젊은건축가상
을 받으며 국내 건축계에서 입지를 다져나간다. 이때의 완공작으로는 Y-
하우스(2008~2010)가 있었지만 이 역시 저가의 다세대주택이었고, 아
직은 '이상의 집' 프로젝트(2011)와 같은 소규모의 전시·설치 작업 정도
가 회자되던 상황이었다. 이 프로젝트는 건축인이자 시인이었던 이상(李
箱, 1910~1937)의 집을 주제로 한 다양한 드로잉을 그의 통인동 집터와
이동식 박스에 전시한 기획 프로그램이다. 1990년대 말 IMF 외환위기로
부터 2008년 세계 금융위기를 거치며 저성장 시대를 맞이한 한국에서 젊
은 건축가들이 할 수 있는 일은 한 세대 앞 4.3그룹 선배들의 경우와는 달
랐다. 이 커플은 스스로를 "초식건축가"로 규정하며 일상에 대한 태도로
서의 'smallness'를 이야기한다(『SPACE』, 2011.2). 이들이 먹을 수 있
는 것은 풀밖에 없지만 최소의 조직으로 움직이며, 비슷한 부류의 동료들
과 유연하게 협업할 수 있다는 것이다. 동료들과 무리 짓는 것은 포식자
의 공격을 막아내고 또 다른 풀밭의 존재를 공유하는 데에 이득이다. 프
로젝트의 크기든 작업 방식이든(비록 크기 문제는 아니라고 이들이 강조
하지만), 'smallness'를 바탕으로 한 현실에의 밀착과 동료들과의 협업
은 지난 10여 년에 걸쳐 이들이 중견으로 발돋움하는 데에 충실한 밑거
름이 됐을 것이다. 드림팩토리(2017~2019), 피겨앤그라운드(2021),
노무현시민센터(2017~2022) 등에서 알 수 있듯 최근의 프로젝트는 이
전보다 훨씬 근사해 보이고 '다행히' 규모도 커졌지만, 이들은 여전히
'smallness'를 화두로 한다(『와이드AR』, 2023.11/12). 이를 단적으로
보여주는 것이 2016년 장영철이 시작한 '가라지가게'다. 자작나무 막대

로 맞춤형 수납 시스템을 제작하기 위한 공방인데(여기에 책상, 의자 등의 품목이 딸려오게 됐다), 대상을 대하는 태도와 수공예적 속성에서 전술한 초식건축가적 지향성이 묻어난다.

전쟁과여성인권박물관은 당초 서대문 독립공원 내에 신축 예정이었고, 2005년에 설계도 진행됐었다(에이텍종합건축 김희옥). 하지만 일각의 반대로 그 계획이 무산됨에 따라 한국정신대문제대책협의회는 2011년 여름 옛 건물 하나를 매입해 리모델링하기로 결정한다. 그리고 젊은건축가상 수상자들을 대상으로 공모를 진행해 그해 수상자였던 와이즈건축의 안을 선정했던 것이다. 전쟁과여성인권박물관은 전숙희와 장영철에게 곧이어 서울시건축상(2012)의 영예를 안겨준 프로젝트이기도 하다. 하지만 이 작품은 거창한 이름이나 건축상의 영예와는 달리 소박하다. 기존의 주택을 리모델링했기 때문이기도 한데, 그나마 외적으로 가장 특징적인 요소인 전면 스크린 벽도 이전 건물의 전벽돌을 계승한 것이다. 건축가는 위안부 여성들을 추모하고 일제의 잔악상을 알리기 위해 건물 안팎으로 "기억-추모-치유-기록"이라는 시퀀스의 공간을 구성해냈다. 비록이 "서술적 박물관"은 디테일의 측면에서 몇몇 아쉬움도 노출했지만, 예산 등 여러 한계 속에서 당시 초식건축가가 마련할 수 있었던 최고의 성찬을 진설했다고 하겠다. 이 평론이 주목한 바인데, 렘 콜하스와 질 들뢰즈를 제각각의 이유로 떠올린 것도 주목할 만하다. 한편, 이들의 이력은 근래의 한국 건축계에서 젊은 건축가들이 데뷔하고 성장해온 방식의 단면을 보여준다는 점에서도 유의미하다고 하겠다.

초식건축가의 온건한 성찬(盛饌):
전쟁과여성인권박물관

한 건축물에 대한 관심이 순전히 그 건축의 내적 논리에서만 비롯될까?
아니다. 그리고 그렇지 않을 뿐만 아니라, 오히려 건축 외적 요인이 건
물 자체의 형식보다 매력적인 경우가 무척 빈번하다. '전쟁과여성인권박
물관'이 그렇다. 이름부터가 심상치 않은 이 건물은 한국정신대문제대책
협의회(정대협)를 건축주로 하여, 일본군 위안부 문제를 해결하고 기억
하기 위한 공간으로 계획되었다. 사회적으로 첨예하고 묵직한 이슈를 안
고 있기에 전쟁과여성인권박물관은 출발부터 많은 이들의 이목을 끌었
고 다양한 언론에 노출된다. 그러나 건축계 내부에서라면, 이 프로젝트
의 사회적 함의 못지않게 흥미로운 또 하나의 건물 외적 인자를 발견할
수 있다. 그것은 바로 건축가와 관련하는데, 2008년 개소한 와이즈건축
(Wise Architecture)의 전숙희, 장영철 커플이 그들이다. 지난 해 문화
관광부로부터 '젊은건축가상'을 수상하며 크게 주목을 받고 있는 두 사
람은 40대 전후의 '젊은' 건축가 부부이다. 그들은 젊기 때문에 아직 길
게 나열할 작품 이력을 갖지 못한 반면, 바로 그 까닭에 이 프로젝트에
참여할 권한이 주어졌다(이미 잘 알려진 건축가 변경 배경과 지명현상
과정을 보라). 그리고 이 작품의 성취로 (굳이 금년도 '서울시건축상 최
우수상'의 수상여부와 무관하게) 초기 경력 가운데 중요한 도약의 발판
을 마련한 셈이다. 다시 말해, 우리는 여기서 개인 사무실을 개소한 젊은

건축가가 한국의 현실 속에서 어떻게 자립해 나갈 수 있는지에 대한 단면을 볼 수 있게 된다.

학교로부터든 다른 사무실로부터든 독립해 고투하는 젊은 건축가들이 취해야 할 전략적 방법론으로, 혹은 자기 정체성으로 이들은 "초식건축가"라는 흥미로운 개념을 제기한 바 있다. 이는 순록과 같은 초식동물에 비견된다. 순록은 생존을 위해 무리지어 다니며, 주변의 풀을 "조금씩 계속" 먹는다. 마찬가지로 초식건축가는 최소의 조직으로, 무엇이건 할 수 있는 프로젝트를 꾸준히 진행하는 가운데, 필요에 따라 다른 초식건축가들과 무리지어 자유로이 협업하고 네트워킹 한다. 따라서 초식건축가는 다른 초식건축가의 출현을 반긴다. 새로이 나타난 유사 개체는 냉정한 생태계 속에서 먹이를 두고 싸워야 할 적이라기보다 또 다른 초장의 존재를 전해줄 친구이고, 포식자의 공격에 함께 대응해야 할 동료이다. 전숙희와 장영철은 초식건축의 중요한 속성으로 'smallness'를 내세우는데, 이는 분명 렘 콜하스의 'Bigness'를 뒤집은 개념일 것이다. 또한 그들의 작업방식에 암시된 네트워크의 유동적 단속(斷續)은 들뢰즈의 탈위계적 그물망인 리좀적 사유를 엿보기도 한다. 그들이 실현한 Y-하우스(2008~2010)와 '이상의 집' 전시 프로젝트(2011) 등의 소소한 작업은 이 같은 개념의 토대 위에 발현된 작은 결실로 이해할 수 있겠다. 그리고 그러한 결실은 전쟁과여성인권박물관에 이르러 한 단계 증폭된다.

거창한 타이틀과는 대조적으로 이 박물관은 작고 소박하다. 용산의 전쟁기념관(1989~1993; 이성관)처럼 사람을 압도하지도 않고, 영국 맨체스터의 제국전쟁박물관(Imperial War Museum, 1997~2002; Daniel Libeskind)처럼 날렵한 예각의 번득임도 없다. 그저 기존의 지하 1층, 지상 2층 주택을 증개축해 100평 남짓의 대지에 100평 못 미치는 연면적의 공간을 재탄생시켰을 뿐이다. 콘텐츠의 엄중함 까닭에, 그리고 특히 제한된 예산 까닭에, 그들은 젊은 혈기의 급진적 실험 대신 잔잔한 내러티브를 엮어갔다. 그게 초식건축가다. 그리고 그들의 안이 현상설계에서 당선된 것도 바로 그 때문이었다. 그들이 내세운 내러티브는 "기억-추모-치유-기록"이라는 시퀀스로서 전시 관람의 동선 및 공간과 결부된다. 출입구에 난 작은 문을 열고 들어서면 좁은 길이 이어지고, 거기서 지하의 어두운 방으로 하강한 후 다시 계단을 따라 2층으로 오른다. 각 길과 방의 공간에는 위안부 여성들을 추모하고 일제의 잔악상을 알리는 각종의 시청각 자료가 공감각을 일깨우며 전시된다. 그리고 그 모든 관람 이후에야 우리는 1층 공간에 다다르게 되고, 최종적으로는 푸른 초목의 정원을 마주하게 된다. 1층이 사랑방이고 무대라면, 거기서 넓게 열리는 폴딩(folding) 창호를 통해 오갈 수 있는 정원은 마당이자 객석이다. 그리고 모두가 긴장을 푼 채 안도의 한숨을 내쉴 수 있는 또 다른 사랑방이다.

"서술적 박물관(Narrative Museum)"이라 내세운 그들의 테마는 이러한 공간의 체험을 중심에 두고 있다. 하지만 박물관 전체의 외적 인상을 좌우하는 것은 사실 옹벽과 건물 벽을 덮고 있는 검정색의 전벽돌이다. 특히 건물에 이중외피를 만들어주는 정원 쪽 스크린이야말로 이 박물관의 파사드(façade), 즉 얼굴이라 하겠다. 이 스크린은 완전히 막힌 벽면이 아닌 하나의 필터와 같은 존재인데, 벽돌 사이에 틈을 가짐으로써 내외부 공간을 전이하는 매개체로서 역할한다. 이에 더해 벽돌 다섯줄마다 내어쌓기하여 수평줄 패턴을 이룬 것은 이 건물이 제안한 가장 참신한 건축 어휘로서 출입구 쪽 (및 그 반대편) 입면으로도 패턴을 이어나간다. 그러나 아쉽게도 가장 심혈을 기울인 '개인기'에 가장 큰 오점이 남았다고 할 수 있다. 멀리서야 별 티 없어 보이지만 가까이서 보게 되는 벽돌과 벽돌의 접합에는 완결성이 다소 떨어진다. 벽돌과 볼트(bolt)의 건식 긴결은 그렇다 치더라도 그 사이를 완충하는 코킹의 존재가 꽤 낮

설며 그 조합이 어설프기 때문이다. (건물 공간의 구성상 관람객이 2층 전시장에서 이 스크린 벽으로 와 헌화하는 것이 전체 내러티브의 클라이 맥스일 터이므로, 여기서 대면하게 되는 벽돌 한 장 한 장의 구축성은 아 무리 강조해도 지나치지 않는 것 아닌가!) 그리고 그 디테일의 오점은 스 크린 벽이 출입구 쪽 입면과 만나는 모서리에 와서 극대화된다. 건식과 습식의 구법이 충돌하는 이 지점의 벽돌 접합은 (오히려 새로운 혁신을 선보일 기회가 될 수도 있었을 텐데) 합성수지 접착제로 얼버무려진다. 그토록 거부하고만 싶었던 미스 반 데어 로에의 '디테일의 신'을 여기서 찬미하게 될 줄이야. "God lives in the detail!"

이 같은 아쉬움에 대한 비판은 대개 재정의 부족이라는 현실적 한계 로 돌려진다. 맞는 말이다. "이태리 장인이 한 땀 한 땀 바느질하듯" 공 들일 수 있는 값비싼 명품이라면 다른 해법이 있었을 테다. 그렇지만 대 개의 건축 프로젝트에서 '돈'은 언제나 부족한 요인이라는 사실을 인정 해야할 것이며, 결국 그 모든 현실적 제약을 넘어서서 무엇인가를 창조 하기에 건축가가 찬사 받을 수 있음 또한 잊지 말아야 할 것이다. 그럼에 도 불구하고 이 작은 박물관에도 가벼이 넘기지 못할 무엇이 있다. 건축 가는 여기서 기존의 건물을 전혀 색다른 공간으로 '적절히' 탈바꿈시키 는 한편, 옛것의 기조를 새것 가운데도 흐르게 했다. 즉, 이 건물이 보존 코자 하는 역사의 기억과는 또 다른 층위에서, 건물 자체만으로도 역사 의 기억을 되새기게 한 것이다. 예컨대, 흑색 전벽돌의 계승이 그러하고, 계단실에서 발굴한 옛 시멘트 벽돌벽과 새로 낸 천창 빛을 공존시킨 점 이 그러하다. 그리고 건축가의 의도가 전시 디자이너에게 고스란히 전달 되지 못한 미흡함이 있으나, 건축가는 공간의 구조를 완전히 재편해 건 축주가 요구하는 전시시설로 충분히 기능토록 터를 마련했다. 설령 벽돌 의 구축적 완결성이나 여타 지엽적 이슈의 한계가 못내 아쉽다 할지라도 건물 전체의 구성과 스토리가 갖는 미덕을 크게 침해하진 못할 것 같다.

고로 우리는 전숙희와 장영철이 전쟁과여성인권박물관에서 온건한 성취를 거두었다고 말할 수 있겠다. 자극적이지는 않으나 은근한 맛이다. 여기서 누린 성취와 관심은 이들 초식건축가가 이전에는 경험치 못한 성찬(盛饌)인 듯하다. 이제 이들은 더 딱딱한 식물(食物)을 먹게 될 날을 기대할 만도 하겠다.

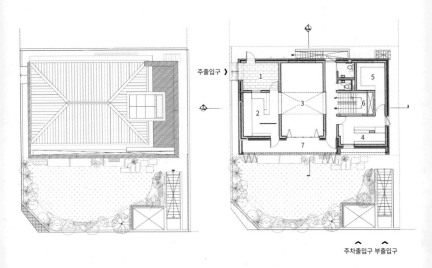

1. 입구 홀
2. 인포센터
3. 기획전시실
4. 자료실
5. 수장고
6. 계단실
7. 복도
8. 테라스
9. 전시실
10. 기부자 벽
11. PIT
12. 차고

배치도, 평면도(1층), 단면도

"서술적 박물관"의 공간 시퀀스

한국 현대건축 산책

SEQUENCE SKETCH

서술적 박물관 Narrative Museum

전쟁과여성인권박물관은 기억-추모-치유-기록으로 이어지는 공간들을 박물관 안팎에 시퀀스로 배치하여 서술적 공간을 구성한다.

1. 기부자 벽돌담:
성미산 자락 조용한 주택가 골목에 들어서면, 짙은 회색 전벽돌 담을 마주하게 된다. 박물관의 여정은 5000명 남짓의 기부자들의 이름이 새겨진 박물관 담으로부터 시작된다.

2. 작은 문:
박물관 서측 길에서 대지와 건물의 높이가 같아지는 곳에 위치한 작은 문은 비어있는 방으로 이어진다. 조용히 비어있는 무명의 방에서 약간의 정적. 어디로 끌려가는지 예상치 못하고 전쟁에 끌려들어간 할머니들의 불확실하고 불안한 상황을 경험한다.

3. 쇄석길:
무명의 방을 나온 이들은 높고 좁고 긴 옹벽의 사잇길을 걷는다. 2층 창에서 나오는 영상들은 시간의 흔적이 고스란히 남아 있는 콘크리트 옹벽에 비춰지고, 좁고 긴 길 위의 쇄석이 내는 거친 소리는 지하의 방으로 가는 계단 속으로 이어진다.

4. 지하의 낮은 방:
방 속에 끼여있는 더 낮고 어두운 방으로부터 할머니들의 이야기가 흘러나온다.

5. 중첩된 방들:
계단을 통해 2층에 위치한 전시공간으로 들어선다. 각각의 방들은 서로 다른 모양의 창을 통해 박물관을 둘러싼 2중의 외피와 면한다. 오래된 콘크리트 벽을 보는가 하면, 새 전돌벽 틈으로 밖을 내다보기도 한다. 2겹의 외피는 전시공간의 깊이감을 더하는 한편, 박물관을 기능적으로 보호한다.

6. 사랑방:
전시 시퀀스는 '치유'와 '소통'의 공간으로 맺음한다. 할머니들의 기억이 환원된 공간을 경험한 관람자들은 마지막으로 사랑방에 들어서서 박물관의 기록자료들을 접할 수 있는 한편, 때때로 산증인인 할머니들과 직접 소통할 수 있게 된다.

7. 들꽃 언덕:
사랑방 앞으로 확 트인 들꽃 언덕은 할머니들의 유년시절 동구 밖 한가한 풍경 속으로 인도한다. 끝이 살짝 들어 올려진 들꽃 언덕은 사계절 꽃을 피울 수 있는 야생화로 채워져 있다.

옛 건물의 구조체를 노출한 실내 계단실

소녀상이 있는 전시실 내부 공간

한국 현대건축 산책

2층 테라스에서 본 박물관 정면 전벽돌 스크린

'쇄석길' 옹벽의 벽화

건축가의 말

근사한 진입구, 훤칠한 로비, 친절한 안내공간과 큼직한 전시실은 여기에 없다. 정확히는 뺐다. 성산동 주택가 깊숙이 자리 잡은 '전쟁과여성인권박물관'이라는 육중한 이름의 박물관은 일반 주택 대문보다 작은 문 하나만 외부로 열어두었다. 그 안에 무엇이 있는지는 큼직한 안내판 대신 안내자가 박물관 안팎을 같이 걸어주며 이야기해준다. 어디로 가는지 알 수 없는 불확실한 상황은 실제 어디로 끌려가는지 모르고 전쟁 속으로 끌려 들어간 위안부 피해자 할머니들의 경험과 흡사하다.

조용한 주택가에 자리 잡은 100평 남짓의 30년 된 주택과 오랫동안 돌보지 않은 듯 무성히 자란 정원은 원래 계획되었던 박물관의 프로그램을 수용하기에 턱없이 부족했다. 예산과 주차 확충 등 현실적인 문제와 맞물려 일정 규모 이상의 증축이 어려웠기 때문에, 기존 주택과 담장, 옹벽 사이 공간들은 반외부 공간으로 부족한 공간을 채워주도록 하였다. 전돌벽 주택과 그것을 에워싼 전돌벽 스크린이 만들어내는 공간들은 작은 문을 통해 들어온 관람객들에게 내부와 외부를 교차 경험할 수 있게 해 준다.

지명설계가 한창 진행 중이던 2011년 8월 둘째 주, 위안부 피해자 할머니들, 시민단체 참가자들, 어린 학생들이 어김없이 굳게 닫힌 일본대사관 문 앞에서 수요시위를 진행하고 있었다. 한 시간이 넘도록 시위가 진행되었지만, 대사관의 폐쇄회로 카메라만이 시위를 주시할 뿐 아무런 반응도 찾아볼 수 없었다. 비지땀을 흘리며 구호를 외치는 사람들과 붉은 벽에 굳게 닫힌 일본대사관의 모습을 보며, 작아도 큰 존재감을 가질 수 있는 박물관을 세우고

싫었다. 그렇게 성미산 자락에 한 덩어리로 보이는 박물관이 그려졌다.

4만 5천 장의 전벽돌, 3만 글자가 새겨진 기부자벽, 20년간의 모금과 9년간의 산고 끝에 지난[2012년] 5월 5일 드디어 박물관이 문을 열었다. 건식으로 벽돌 하나하나 짜서 만든 전벽돌 스크린의 뒷면을 이용해 만든 추모실에 박물관을 찾아온 이들의 헌화가 이어졌다. 역사를 직설적으로 재현해 놓은 많은 박물관들과 태생적으로 다를 수밖에 없는 이곳이 전쟁이 없어져야 한다고 말씀하셨던 한 피해자 할머니의 절규처럼 역사의 공부방으로, 미래를 준비하는 공간으로 쓰이길 기대한다.

_와이즈건축

벽돌담을 따라 출입구에 이르는 길

설계: 전숙희 & 장영철(와이즈건축) **위치:** 서울시 마포구 성산동 39-13 **용도:** 문화 및 집회시설(박물관) **대지면적:** 345.50㎡ **건축면적:** 144.69㎡ **연면적:** 302.24㎡ **건폐율:** 41.87%(법정 60%) **용적률:** 71.97%(법정 150%) **규모:** 지하 1층, 지상 2층 **구조:** 조적조 **재료:** 전벽돌, 열연강판 **설계:** 2011.8~2012.1 **시공:** 2012.1~2012.5 **주요 수상:** 2012년 서울특별시건축상 최우수상 **주요 출판:**『건축』(2012.4),『SPACE』(2012.7),『건축가』(2012.9/10),『와이드AR』(2012.11/12)

공간사옥이 2013년 말 매각됐고 이듬해 '아라리오뮤지엄 인 스페이스'로 재탄생했으니, 새 삶의 여정이 벌써 10년을 넘어섰다. 주지하듯 김수근(1931~1986)의 공간사옥(구관 1971~1975, 신관 1976~1977)은 김중업(1922~1988)의 주한프랑스대사관(1959~1962)과 더불어 한국 현대건축의 최고 걸작으로 손꼽힌다. 공간사옥 완성으로 김수근은 건축가로서뿐만 아니라 문화예술의 후원자로서도 기반을 더욱 굳건히 다졌는데, 이 건물은 월간지 『SPACE(공간)』 편집부와 갤러리 공간화랑, 소극장 공간사랑까지 수용했었다. 미국 시사주간지 『TIME』이 그를 서울의 로렌초 데 메디치(Lorenzo de' Medici)로 여긴 것도 공간사옥이 마무리되던 1977년 5월이다(4월의 공간사랑 개관에 따른 효과이기도 한데, 건물 전체 준공식은 11월 개최된다). 그러나 2000년대의 공간사옥은 김수근 시대의 벽돌 건물(신관은 철근콘크리트 구조에 벽돌 마감) 위에, 후계자 장세양(1946~1996)의 유리 신사옥(1996~1997)과 이상림(1955~)의 공간한옥(2002)이 덧대어진 복합 건물군이다. 필자는 2013년의 이 글에서 이를 "공간 콤플렉스"로 명명했다(여기에는 공간그룹에 대한 많은 이들의 '복합 감정'도 중의적으로 담겨있다). 정인하가 『김수근 건축론』(1996)에서 보였듯 김수근의 공간사옥에 관한 연구가 없지 않았지만, 공간 콤플렉스를 통시적으로 고찰한 논고는 지금까지 아마 이 글이 유일한 듯싶다. 장세양의 신사옥과 이상림의 한옥은 김수근의 건물에 비해 중요도가 점감(漸減)하는 것으로 보이나, 제각각 뚜렷한 시대적 의미를 지닌다. 김수근의 벽돌사옥보다 20년 뒤 지어진 장세양의 유리사옥이 그 투명성을 바탕으로 20세기 말 새로운 시대를 지향했다면, 2000년대 초 이상림의 한옥은 인근 북촌을 출발점으로 한 새천년의 한옥 부흥을 예견했기 때문이다. 이렇게 본다면 세 덩어리의 시간 켜가 응집된 공간 콤플렉스야말로 각각의 시대적 의미와 함께 한국 현대건축의 핵심 줄거리를 펼쳐보인 드문 사례라고 할 수 있을 것이다. 그리고, 안타까운 일이긴 했으나, 아라리오에 의한 건물 리노베이션 및 전용 역시도 그 줄거리에 포함될 만하다. 현재 김수근의 건물은 갤러리로, 장세양과 이상림의 건물은 레스토랑과 카페로 사용되고 있다.

필자는 김수근의 공간사옥 구관의 완공 연대를 2013년 글에서는 1972년이라 적었었는데, 여기에서는 1975년으로 수정했다. 건축 기간에 관한 그간의 모호함은 건물이 사용자 입주 후 서서히 완성된 탓도 있고, 초기 출판물(「空間研究所および空間社屋」, 『A+U』, 1978.3; 「空間社屋」, 『SD』, 1979.8)의 정보가 불일치한 탓도 있으리라 보인다. 이를 김원석(1937~2021)의 근래 회고(「공간사옥 건설과 김수근 타계의 순간」, 『#SPACE60: 1960~2020』, 2020)로 보정한다면 다음과 같이 정리할 수 있겠다: 1971년 6월 착공한 이 건물은 그해 말 부분적으로 공사가 마무리됐고, 공간 식구들이 4층 설계실부터 사용하며 조금씩 추가 작업을 진행해 1975년 5월 최종 완공을 보았다. 공간사옥 구관에 대해서는 필자가 최근 『SPACE』에 기고한 졸고 「공간사옥 구관 다시 보기」(2021.1)를 참조하라. 구관 완공 직후 『SPACE』에 게재된 리포트 「'우리 집' – '공간의 집'」(1975.6)을 리뷰한 것인데, 이 리뷰는 공간의 첫 건물이 어떠했는지 보여줌으로써 공간사옥 전체의 이해에 도움을 준다. 특히 공간 식구들 모두가 당시 이 건물을 자기 집으로 여기며 함께 지은 점, 김수근을 보좌하며 프로젝트를 담당했던 김원석의 이름으로 건물이 출판된 점에 대한 조명을 주시할 필요가 있다. (이번 장 '건축가의 말'은 여기에 출판된 김원석의 「'공간의 집' – 예술의 공간」을 싣는다.) 이 글에 대한 유용한 보완물이 될 수 있을 것이다. 한편, 케네스 프램튼의 『현대 건축: 비판적 역사(Modern Architecture: A Critical History)』 5판(2020)은 한국 챕터를 삽입하며 공간사옥을 다뤄 뜻 깊지만, 김수근이 발행한 『SPACE』를 일본 잡지 『Space Design(SD)』으로, 공간사옥 영문명을 'Space Group of Korea Building'이 아닌 'SD Building'으로 적는 등

여러 오류를 보였다. 마지막으로, 공간그룹이 공간사옥 신관과 거의 동시에 진행한 남영동 대공분실(1976~1977) 프로젝트가 김수근과 공간그룹의 신화를 비판적으로 돌아보게 한다는 사실도 덧붙이자. 여기에서 우리는 한 건축가가 구사하는 유사한 건축 어휘도 완전히 다른 목적을 위해 (인간의 정서적 친밀성과 반인권적 탄압 모두를 위해) 봉사할 수 있음을 보게 된다. 이성관이 전쟁기념관 논쟁으로부터 얻은 결론[7장]을 떠올릴 만하다.

　이 글은 근래 업데이트된 정보를 바탕으로 원 출판본에는 없던 각주를 넣어 내용을 보완했고, 앞에서 시사했듯, 본문도 꼭 필요할 경우 최소한의 범위에서 수정했으며, 일부 도판도 가감했다. 또한 글의 맥락상 본문에 한해 『SPACE』를 '〈공간〉지'로 표기했음도 밝힌다.

『건축가』, 2013.11/12

공간의 깊이, 시간의 적층:
〈공간사옥〉의 발자취

2013년 한국 건축계의 최대 이슈는 '공간'으로 시작해 '공간'으로 마감 됐다고 해도 과언이 아닐 게다. 지난해 1월 2일 〈공간건축〉(㈜공간종합 건축사사무소)이 부도 처리되며 우리 건축인들에게 커다란 충격을 주더 니만, 〈공간〉지가 4월호부터 새로운 발행인을 맞이했고, 〈공간사옥〉 마 저 우여곡절 끝에 11월 25일 민간에 매각됐기 때문이다. 〈공간〉의 '빈자 리[空間]'가 일개 건축그룹의 범위를 넘어서 너른 파장을 일으킴은 모두 가 공감하는 바다. 그 까닭은 물론 김수근(1931~1986)이라는 한국 현 대건축의 걸출한 선구자로 인함이요, 이에 더해 그가 창설한 〈공간〉을 모태로 성장한 인물들에도 기인한다. 이들 다수는 우리의 건축동네 곳곳 에 포진하여 건축문화 발전을 위해 주도적 역할을 경주해왔는데, 이번 사태를 막기엔 역부족이었던 듯싶다. 특히 지난 40여 년의 기억이 생생 히 살아 숨쉬는 〈공간〉의 터가 더 이상 전과 동일한 방식으로 작동할 수 없게 됐음은 크나큰 유감이라 하지 않을 수 없다.

그럼에도 불구하고, 세상사 어떤 것도 하나로 고착될 수 없다는 역사 의 유동성을 배운 것에 스스로를 위로해 보자. 더욱이 〈공간사옥〉이 새 로운 기능을 담는 또 다른 유기체로 거듭날 수만 있다면, 그 건물의 가치 를 더 높이 평가할 수 있으리라는 희망을 가져볼 수도 있을 테니……. 새

2000년대 공간 콤플렉스

주인을 기다리는, 이제 '옛'이라는 수식어를 붙여야 할 〈공간사옥〉을 위해 우리가 표해야 할 최소한의 예(禮) 가운데는 그 역사의 흔적을 정리하고 기록하는 행위 역시 빠질 수 없다. 비록 그 본격적 작업이 더 긴 시간을 두고 체계적으로 이루어져야 하겠지만, 예비적 차원에서 그 현황과 발자취를 약술코자 한다.

공간 콤플렉스

우리가 〈공간사옥〉이라 부르는 서울 종로구 원서동의 〈공간〉의 보금자리는, 단일한 건물이 아닌 여러 건물이 덧대어 이루어진 하나의 콤플렉스다. 김수근의 벽돌사옥(구사옥; 1971~1977)이 건물군 가운데 중추적임은 재론할 여지가 없으나 이것만이 전부는 아니라는 말이다. 주지하듯 여기에는 장세양이 설계한 유리사옥(신사옥; 1996~1997)이 시간의 균형추를 맞추고 서있고, 상대적으로 덜 주목받았으나 이상림에 의한 한옥(2002)도 부가돼있다. 즉, 〈공간사옥〉은 크게 세 개의 시공간적 덩어리로 구성되는데, 제각각 그 리더십의 시대상을 반영함과 동시에 묘한 긴장 속에서도 유기적 공존을 꾀하고 있는 것이다. 따라서 현재의 〈공간사옥〉을 이해하기 위해서는 각각의 건물들에 대한 독립적 인식뿐만 아니라 서로의 관계에 대한 고찰도 수반돼야 할 터이다.

(1) 김수근의 벽돌사옥 (1971~1975, 1976~1977)

김수근이 설계한 벽돌사옥은 한국 현대건축을 대표하는 사례로 언제나 빠지지 않고 거론되는 걸작이다. 이 건물은 보통 '구사옥'으로 불리지만 자체로도 두 단계에 걸쳐 건축되어 구관과 신관으로 나누어 볼 수 있다. 1971년 6월 착공된 구관은 그해 말 부분적으로 공사를 마무리했고, 4층 설계실부터 입주해 사용하며 진행한 추가 작업으로 1975년 5월 완공했다. 그리고 신관은 1976년 6월 착공해 1977년 11월 준공을 보았다.[1] 건물 신축 당시의 김수근은 만 40세의, 지금으로 보면 무척 '젊은' 건축가였지만, 1960년대 김수근건축연구소를 거쳐 한국종합기술개발공사를 진두지휘하며(1965~1969) 국가의 수많은 거대 프로젝트를 수행했던 베테랑이었고, 1969년부터는 인간환경계획연구소를 통해 자신의 건축 어휘를 재점검해보던 터였다.[2] 잘 알려졌듯 이 시기의 김수근은 이미 〈공간〉지를 발행하고 있었을 뿐만 아니라 부여박물관(1965~1968)

---

1   1977년 4월 소극장이 개관했고, 11월 공간연구소 창립 17주년과 『SPACE』 발행 11주년을 기념하며 성대한 준공식을 거행했다. 김원석, 「공간사옥 건설과 김수근 타계의 순간」, 『#SPACE60: 1960~2020』, 공간그룹 편 (서울: CNB미디어, 2020), 382~403쪽.

2   1970년 오사카박람회 한국관 전시 프로젝트 수행 후 인간환경계획연구소가 해체되고 그해 3월 김수근은 자기 사무실을 재개설한다. 김원석, 앞의 글, 383쪽.

의 왜색시비로 크게 진통을 겪은 바 있고, 최순우와의 활발한 교류를 통해 한국적 아름다움에 대해 본질적 물음을 되묻고 있었다. 그리고 결국은 여유와 해프닝의 요소를 머금는 '궁극공간(Ultimate Space)' 속에서 합리주의의 한계를 극복할 잠정적 해답을 보게 됐다(범태평양건축상 수상기념강연, 1971). 따라서 김수근의 〈공간사옥〉은 그의 아이디어가 농밀히 집약될 수 있는 다양한 상황적 여건이 마련된 가운데 진행됐고, 자신이 건축가이자 건축주였기에 그 탐구의 깊이는 심화될 수 있었다고 하겠다.

① **구관:** 〈공간사옥〉이 처음 들어설 당시의 주변 현황은 구관이 완공된 후 촬영된 조감사진과 신관 설계시의 '안내도'를 통해 파악할 수 있다. 구관은 그것이 속한 블록의 남서쪽 모서리(좌측하단)에 우뚝 섰는데, 그 블록 나머지 대지에는 ㅁ자형이나 ㄷ자형 등의 도시형 한옥이 밀집해 있었다. 그리고 도로 건너 블록의 북서쪽 모서리를 감싸는 대지에는 휘문고교가 자리해 훗날 현대사옥의 터와 원서공원의 터로 분할되며, 한 블록 건너 동쪽으로는 창덕궁과 이웃한다. 여기서 흥미로운 점은 당시의 〈공간사옥〉이 지금처럼 율곡로를 직접 면했던 것이 아니라 둘 사이를 한 전북부지점과 변전소의 켜가 가로막고 있었다는 사실이다. 이후 이 건물들이 철거됨에 따라 대로로부터 〈공간사옥〉의 조망이 가능케 된다.

이 같은 전체적인 입지 가운데 구관에 주어진 대지는 $113.06\,m^2$ (34.3평)의 면적을 갖는[3] 비정형의 협소한 땅이었다. 그만큼 김수근은

------

3 이 대지면적과 후술할 구관의 건축면적 및 연면적은 신관 공사 실시설계도면의 정보를 따른 것으로, 구관 완공 직후 출판된 『SPACE』(1975.6)의 정보와는 차이가 있다. 신관 공사 후의 증축 면적에 대해서도 같은 정보에 의거해 해당 섹션에서 다루는데, 실현된 건물과는 일부 차이가 있는 것으로 보인다.

이를 십분 활용코자 노력한다. 초기 스케치의 1층 평면도에서 보듯이 그가 대지를 가득 메우는 세 켜의 평면형을 창출했음과 제한된 건물 높이 가운데 낮은 층고의 4~5개 층을 삽입했음이 이를 말해준다. 그러나 대지경계선과 이격되지 않은 서측의 출입구 켜는 법규의 제약으로 곧 폐기됐고, 나머지 두 개 켜의 평면형만이 끝까지 살아남았다. 초기 스케치의 가장 큰 특징으로는 지형을 따르는 스킵플로어(skip floor) 형식을 들 만하다. 출입구를 통해서든 주차를 하고서든 반 층을 올라야 안내데스크에 이를 수 있고, 이로부터 계속 중앙계단을 180° 방향전환하며 반 층씩 오름으로써 원하는 공간에 다다르게 계획됐던 것이다. 그런데 이러한 수직적 공간의 흐름은 수평적 움직임의 과정으로 인지될 수 있는데, 당시 실무를 담당했던 김원석의 개념 스케치가 이를 잘 보여준다.[4]

그러나 이 초기안은 수정을 거쳐 훨씬 정교하게 발전한다. 우선 스킵플로어 유형의 경우 지하부터 3층까지만 적용됐는데, 2.5층에 놓인 1.5층 높이의 회의실이 이를 통합했다. 대신 김수근의 집무실이 있는 3층부터 (4층 작업실을 거쳐) 온돌방과 옥상정원이 있는 5층까지의 수직동선을 원형의 계단실로 해결함으로써 효율적 공간사용에 만전을 기했다. 여기서 원형 계단실의 모티브는 3층 김수근 집무실의 원형 공간과 공조하는데,[5] 이 공사(公私) 영역의 구분을 대형 스크린 여닫이문이 했던 점도 두드러진다. 한편, 수정안에서의 출입구는 처음 스케치와 달리 서측 벽면 1, 2층에 놓였다. 초기안에서 차고였던 1층의 현관홀은 지하의 '공간

---

4   이 스케치는 『SPACE』(1975.6)에 출판된 것인데, 건물 완공 이후에 그려졌다고 생각된다. 구관 1~4층 평면도 및 단면도도 여기에 함께 출판됐다. 김현섭, 「공간사옥 구관 다시 보기」, 『SPACE』 638호 (2021.1), 124~131쪽.

5   『SPACE』(1975.6)에 출판된 구관 평면도에는 이 원형 공간에 'WOMB SPACE'라 적혀있는데, '궁극공간' 개념과 공명한다.

구관 건축 후의 주변 현황

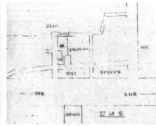

신관 건축을 위한 주변 현황 '안내도'
(도면 001의 일부), 1976년

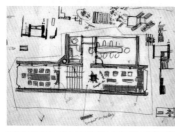

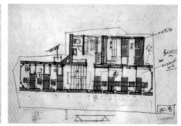

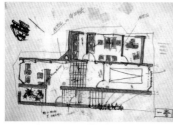

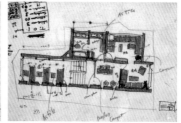

구관 초기 스케치: 1~4층 평면도

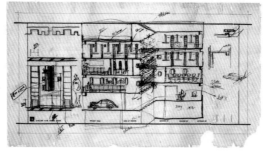

구관 초기 스케치: 단면도

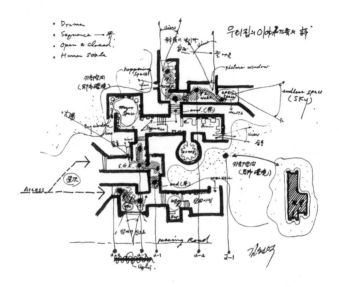

구관의 공간 흐름에 대한 김원석의 개념 스케치 (『SPACE』, 1975.6)

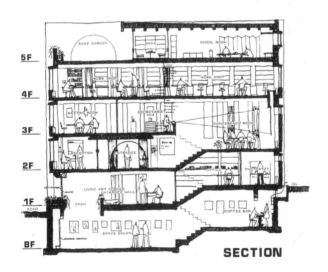

구관 단면도 (『SPACE』, 1975.6)

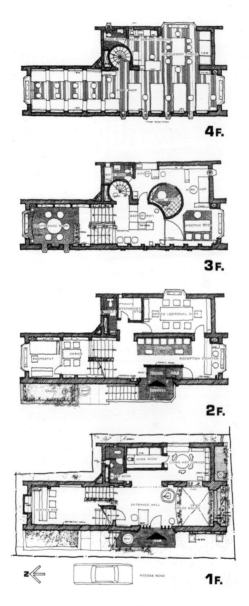

구관 평면도 (『SPACE』, 1975.6)

구관 서측의 출입구 (2013.12)

구관 1층 현관홀: 맞은편 바닥은 지하의 '공간화랑'으로 오픈됨 (2013.12)

한국 현대건축 산책

화랑'과 일부 오픈된 공간으로서 스킵플로어 계단실을 통해 지상 혹은 지하로 통한다. 그리고 2층의 아치 출입구는 외부에 목조 계단을 설치함으로써 기능할 수 있었다.

실현된 〈공간사옥〉의 구관은 건축면적 64.46㎡(19.5평), 연면적 297.75㎡(90.2평)에 불과한 소형 건물인 만큼 김수근이 실질적 측면에서의 공간적 짜임새와 효율을 높이고자 최선을 다했음이 역력하다. 그러나 그러한 제약 가운데서도 자신의 집무실과 공간화랑, 그리고 신관 건축 후 문방으로 꾸며진 온돌방 등에서 ('궁극공간'의 개념이 제시하는) 멋과 여유를 잃지 않으려 노력했다. 더욱이 외벽의 정갈한 검은 전벽돌과 내부의 투박한 붉은 벽돌을 대비시킨 점이나 창호를 비롯한 각종의 디테일에 섬세하면서도 검박한 정취를 불어넣은 점 등도 밀도 높은 공간에 정서적 이완의 여지를 준 것이라 볼 수 있겠다.

② **신관**: 〈공간사옥〉 구관에 공간그룹을 창설한 김수근은 다시 역동적

5층 온돌방 (문방공간)

인 활동을 펼쳐나간다.[6] 이에 따라 직원의 숫자가 증가하는데, 정인하(1996)에 따르면 당초 15명 내외였던 직원이 배로 늘었고 정동에 별도의 사무실을 두기도 했다는 것이다.[7] 결국 사옥 확장의 필요성이 대두됐고, 구관 완성 1년 뒤 증축공사가 시작된다.

기존 건물을 북측과 동측에서 감싸는 세 필지의 대지를 마련한 김수근은 북측의 큰 필지를 가득 채워 신관을 계획했고, 남측을 바라보는 나머지 공간에 정원을 조성했다. 증축부의 면적은 기존 것의 두 배를 상회하는데, 출판된 실시설계도면의 '면적표'에 따르면(전진삼 편, 2003) 구관과 신관을 합해 전체 건축면적이 219.13㎡(66.4평), 연면적이 1,061.25㎡(321.6평)에 이른다. 건물의 면적이 크게 확장됨에 따라 김수근은 구관에서 제한됐던 공간의 표현과 실험에 더 적극적일 수 있었다.

신관의 다변적 공간감은 우선 구관 북측에 면한 이원화된 진입부의 동선을 따라 살펴볼 만하다. 하나는 지표면에서 0.5층 하강하는 마당으로의 계단이고, 다른 하나는 반대로 그 옆에서 0.5층 상승하는 주 출입구로의 계단길이다. 전자를 통해 들어선 마당은 외부이면서도 두 개 층 높이의 천장을 갖는 전이지대로서 여기서 직접 카페로, 혹은 지하 소극장 '공간사랑'의 계단실로 진입이 가능하고, 구관을 돌아들어 정원으로도 나아갈 수 있다. 한편, 후자를 따라 2층에 오르면 안내데스크가 있는

---

6 한 단행본(전진삼 편, 2003)에 출판된 구관 설계도에는 사무소 이름이 '金壽根 環境設計研究所 KIM SWOO GEUN ARCHITECT ENVIRONMENT DESIGN OFFICE'로 적혔었는데, 신관 설계도에는 '空間設計研究所 SPACE GROUP OF KOREA ARCHITECTS & PLANNERS'로 적혀있다. 한편, 1975년 6월『SPACE』에 〈공간사옥〉 구관이 처음 출판되면서는 설계 주체가 '공간그룹'으로 표기됐다. 김수근건축연구소와 공간그룹 이름의 변천에 대해서는 추가적 고찰이 필요하다.

7 그러나 김원석은 당초 정규멤버가 13명이었다고 강조하고, 이후의 인원 증가에 따른 증축 배경을 논한다. 김원석, 앞의 글, 386 & 388쪽.

현관홀에 진입하게 되는데,[8] 이 공간은 건물 전체의 동선이 만나는 인터체인지와 같다. 이곳에서 좌측의 계단실을 통해 신관의 다른 레벨로, 그리고 우측의 통로를 통해 구관으로 들어설 수 있기 때문이다.

한편, 신관 내부의 중심부라 할 수 있는 3.5~5층의 설계실 및 사무실 레벨도 풍부한 공간 볼륨을 연출한다. 계단실을 통해 진입한 3.5층의 선큰(sunken)된 바닥은 전술한 마당 천장의 바로 윗면이고, 그 위로 5층까지 넓게 개방됨으로써 커다란 3×3의 격자 천창을 통해 자연광을 받아들인다. 여기서 남측 모서리의 다섯 단 층계를 올라서면 선큰 바닥을 ㄴ자로 감싸는 4층의 설계실 공간으로 전환되며 곧바로 구관으로도 진입이 가능하다. 5층의 설계실은 4층 설계실의 북측 날개 위에 놓이고, 구관의 같은 층 문방과 상응하는 온돌방을 동반한다. 그리고 보이드 건너편으로는 구관 문방으로부터 접근이 가능한 김수근의 작업실이 계획됐다. 이 방은 보이드 한쪽 벽면 전체가 전통 창호여서 활짝 열렸을 때 3.5~5층 공간 전체의 조망이 가능했는데, 이곳으로부터 직원들의 업무를 지휘했다는 이야기가 전한다. 현재는 신관의 5층 설계실과 여기를 연결하는 ㄴ자형 데크가 설치돼있다.

이와 같은 신관의 다층적 공간체계는 구관과의 관계성 및 경사지에의 대응에 크게 빚지고 있으며, 구관과 함께할 때 단번에 파악되기 힘든 수직적 깊이와 수평적 시나리오를 머금는다. 그러한 공간연출에 마침표를 찍는 요소는 주 계단실이다. 특히 3층부터 옥상층에 이르는 삼각형

---

8 신관을 중심으로 생각하면 지형 조건상 현관홀 있는 층이 1층이지만 이 글에서는 이를 2층으로 본다. 구관과의 일관성을 위해서인데, 장세양의 유리 신사옥 평면도도 구관을 기준으로 1층과 2층을 보았다. 다만 유리 신사옥 평면도가 구관의 김수근 집무실이 있는 3층을 (신관 증축 시의 일부 도면을 따라) '중2층'으로 여긴 것은 이 글과 다르다. 요컨대, 이 글은 이해의 편의를 위해 『SPACE』(1975.6)에 출판된 구관 도면을 기준으로 층을 계수한다.

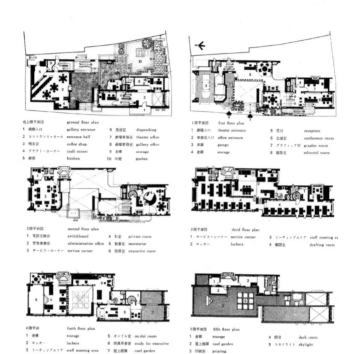

地上階平面図	ground floor plan		
1 画廊入口	gallery entrance	6 発送室	dispatching
2 エントランス・ホール	entrance hall	7 劇場事務室	theater office
3 喫茶室	coffee shop	8 画廊事務室	gallery office
4 クラフト・コーナー	craft corner	9 倉庫	storage
5 厨房	kitchen	10 中庭	garden

1階平面図	first floor plan		
1 劇場入口	theater entrance	5 受付	reception
2 事務室入口	office entrance	6 会議室	conference room
3 車庫	garage	7 グラフィック室	graphic room
4 倉庫	storage	8 編集室	editorial room

2階平面図	second floor plan		
1 電話交換室	switchboard	4 私室	private room
2 管理事務室	administration office	5 秘書室	secretarial
3 サービス・コーナー	service corner	6 役員室	executive room

3階平面図	third floor plan		
1 サービス・コーナー	service corner	3 ミーティングエリア	staff meeting ar
2 ロッカー	lockers	4 製図室	drafting room

4階平面	forth floor plan		
1 倉庫	storage	5 オンドル室	on-dol room
2 ロッカー	lockers	6 役員用書斎	study for executive
3 ミーティングエリア	staff meeting area	7 屋上庭園	roof garden
4 製図室	drafting room		

5階平面図	fifth floor plan		
1 倉庫	storage	4 暗室	dark room
2 屋上庭園	roof garden	5 スカイライト	skylight
3 印刷室	printing		

일본의 『SD』(1979.8) 김수근 특집호에 출판한 구사옥 평면도:
여기서는 주 출입구 현관홀이 있는 레벨을 1층으로 간주함

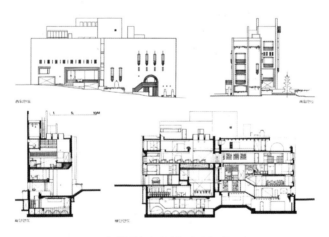

구사옥 증축 후의 입면도와 단면도 (『SPACE』, 1979.12/1980.1)

180　　　　　　　　　한국 현대건축 산책

신관의 이원화된 출입구 (2013.12)

전이지대로서의 마당 (2013.12)

공간사랑 (2023.12)

3.5~5층의 설계실과 사무실: 좌측으로 옛 김수근의 작업실과 연결된 데크가 설치됨 (2013.12)

한국 현대건축 산책

3층에서 옥상층까지 이르는 삼각형의 계단 (2013.12)

의 계단 유형은 이 건물의 0.5층 레벨 차이를 효과적으로 중재하고 있다. 이 계단실은 성인 한 사람이 오르내릴 수 있는 만큼만의 폭과 높이로써 건물 전체의 친밀성을 증대시키지만, 삼각형의 보이드와 낮은 난간을 통해 자칫 폐쇄적일 수 있는 공간에 어느 정도의 개방감을 부여한다. 아돌프 로스의 '라움플란(Raumplan)'이 층간 레벨 차와 수직동선의 다변성으로 주택 내부의 경험을 "시공간적 미로(a spatio-temporal labyrinth)"로 변화시켰다면(A. Colquhoun, *Modern Architecture*, 2002), 김수근의 〈공간사옥〉역시 이에 못지않으면서도 로스의 추상성과는 다른 결을 선사하는 듯싶다. 더욱이 이 건물은 지형의 변화에 조화한 한국건축의 내외부 공간이나 골목길의 모티브를 수직적으로 밀도 있게 담았다는 점에서 우리 정서에 너른 울림을 준다. 구관에 대한 김원석의 개념 스케치가 보여준 공간 개념이 신관과 함께 하며 훨씬 심화됐다고 하겠다.

(2) 장세양의 유리사옥 (1996~1997)

1977년 신관의 완성으로 김수근의 〈공간사옥〉은 한국 현대건축의 상징적 건물이 됐는데, 그는 이후 이곳을 근거로 약 9년가량의 활동을 전개해 나가다가 1986년 6월 타계한다. 80년대 초 김수근은 경기도 파주의 공릉 인근에 새로운 사옥을 마련하며 통일될 한반도시대를 대비하고자 했으나, 그의 죽음으로 공릉사옥으로의 이주 계획은 실현되지 못했다. 그의 뒤를 이어 이듬해부터 〈공간〉을 이끌어간 장세양(1946~1996)은 스승의 터 위에 새롭게 조직의 기반을 다져나갔다. 그리고 1996년 김수근 별리 10주기에 즈음해 신사옥 건축에 착수했는데, 공사가 한창이던 그해 가을 그마저도 홀연히 세상을 떠나고 만다.

장세양 사후 1년여 만인 1997년 11월 준공된 신사옥은 지하 2층, 지상 5층에 건축면적 124.67㎡(37.8평), 연면적 479.83㎡(145.4평)을 갖는 건물이며, 지하층에는 자료실을, 그리고 지상층에는 회의실, 사무실, 설계실을 주요 공간으로 두었다. 이 건물을 위해 준비된 대지는 신관의 동측면에 접해 ㄱ자로 꺾인 땅이었으며, 구사옥 정원과의 사이에 타자 소유의 한옥이 한 채 삽입돼있었다. 김수근과 마찬가지로 장세양 역시 땅의 조건에 가장 적합한 해를 도출코자 노력했다. 그 결과 구사옥과 접하는 영역에 계단 등 동선을 위한 공간을 배정했고, 남측 도로를 향하는 대지 위에는 기다란 직사각형의 평면형을 산출해냈다. 신사옥의 대지가 기존의 것에 비스듬히 벌어져 놓인 만큼 새로 창안된 직사각형 평면은 구사옥과의 접합부로부터 벌어져 도로를 향해 더 열린 몸짓을 취하게 된다.

여기서 '열림'이라는 개념은 '투명성'과 치환되며 이 건물의 주요한 화두로 대두한다. 주지하듯 장세양의 신사옥을 대변하는 것이 전면이 투명한 직방형의 유리상자이기 때문이다. 게다가 이 유리상자는 커다란 원통형 필로티 위에 놓임으로써 지면으로부터 이격되어 바닥마저 적극 열어두었던 것이다. 김수근의 벽돌사옥이 땅에 뿌리내린 지역성의 반영체라면 장세양의 유리건물은 외부를 향한 투명성과 미래로의 부양(浮揚)을 상징한다. 그리고 그 순수함과 하이테크의 이미지를 얻기 위한 노력은 유리 커튼월의 디테일(예컨대 'One Point Glazing System')이나 최신 냉난방 시스템 등에 상당히 할애됐다. 스승 세대와 다른 새로운 가치의 구현을 요청받은 제자의 응답이라 하겠다.

이 같이 차별화된 가치의 추구에도 불구하고 장세양의 건물은 김수근의 것과 다각도에서 관계했다. 물리적인 측면에서라면, 두 건물은 지하공간에서 서로 접선하며, 또한 2층의 브리지가 주요 연결로로 역할한다. 신사옥의 방문자들은 구사옥의 마당과 정원을 통과해 지상층으로부터 이 건물의 계단실을 따라 오르거나, 아니면 구사옥 2층의 안내데스크를 지나 상기의 연결 브리지를 통과해 여기에 진입할 수 있다. 하지만 이러한 직접적 상관성 이외에도 장세양은 구사옥으로부터 몇 가지 중요한 디자인 모티브를 차용하여 새롭게 재해석해냈다. 가장 두드러진 것이 바로 계단실이다. 그는 각 층마다 입구로 진입하는 계단길의 방향에 변화를 줌으로써 구사옥에서 느꼈던 다양한 수직동선의 기억을 호출한다. 하지만 벽돌로 둘러싸인 옛길의 정취는 여기서 유리 벽면과 콘크리트 바닥의 도시적 이미지로 세련돼야 했다. 그리고 1층과 4층의 계단길에 비스듬한 각도를 둔 것은 대지 조건에 대한 참조이기도 하지만 구사옥의 삼각형 계단 유형을 더 강하게 연상시키는 요소다. 이로써 계단실 전체에 최소 요구 면적의 배에 상당하는 볼륨이 할애됐는데, 극대화된 수직동선의 공간적 경험은 경제성의 효율을 뛰어넘는다고 할 수 있다. 한편, 2층 회의실이 선큰되어 다른 층보다 높은 천장고를 갖고 남측 단부가 3층까지 개방된 점은 구사옥 신관의 설계실 공간과 연관된다. 그리고 지상층의 필로티이자 지하로부터 최상층까지 관통하는 커다란 원기둥은 내부에 나선형 계단을 담음으로써 구사옥 김수근 집무실의 원형 공간 및 원

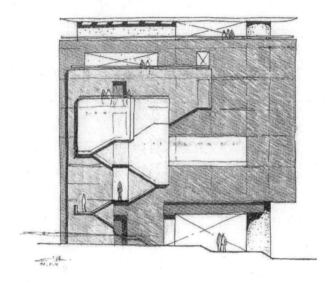

장세양의 신사옥 서측면 스케치

1ST FLOOR PLAN

2ND FLOOR PLAN

신사옥이 추가된 1, 2층 평면도

한국 현대건축 산책

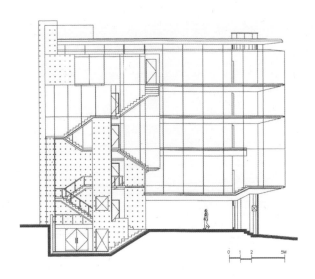

신사옥 서측면도

신사옥이 추가된 공간 콤플렉스 모형, 신사옥 내 '장세양기념관' (2013.12)

신사옥 2층 회의실 (2013.12)

신사옥 연결로 및 계단실 외관 (2013.12)

신사옥 연결로 (2013.12)

신사옥 필로티 및 유리면 (2013.12)

형 계단실 모두를 동시에 짙게 암시하고 있다.

이처럼 장세양의 디자인은 스승의 기존 건물이 갖는 물리적 조건과 개념적 모티브를 최대한 보듬고 존중하는 가운데 새로운 시대의 켜를 덧대었다고 볼 수 있다. 그는 김수근 10주기 기념세미나에서 발표한「스트라타(Strata)」(1996.6)에서 "시간의 흐름에서 만들어진 모든 것들"의 '쌓임'을 강조했는데, 김수근의 벽돌 건물에 적층된 자신의 새터와 유리상자가 그러한 스트라타를 반영함을 우회적으로 서술한 것이라 하겠다.

(3) 이상림의 한옥 (2002)

장세양의 신사옥이 준공됨으로써 〈공간〉의 공간 내에 두 세대에 걸친 신구의 공존이 진지하게 모색됐다. 하지만 공간 콤플렉스가 완성되기까지 풀어야 할 작은 매듭이 아직 하나 남아있었다. 그것은 김수근이 이곳에 터를 닦기 전부터 존재했고, 이제는 신구사옥 사이에서 섬과 같이 홀로 남게 된 낡은 한옥에 대한 입장정리였다. 그 과제는 장세양에 이어 〈공간〉을 이끌게 된 이상림(1955~)에게 부여됐고, 그는 그 매듭을 풀었다. 신사옥 완공 후 얼마 되지 않아 IMF 경제위기가 발생했을 때 그가 이를 오히려 기회로 삼아 그 가옥과 대지의 매입을 추진했으며, 2001년 6월 계약을 성사시켰던 것이다. 그리고 이 집은 이듬해 4월 개축을 시작해 11월 준공됐다. 이상림에 의하면(필자와의 이메일 교환, 2014.1.2~14) 원래의 계획은 한옥을 개축해 2001년 3월 〈공간〉지 400호 기념행사에 맞춰 오픈하는 것이었다. 그러나 여러 여건상 기존 한옥의 매입 자체가 늦어짐으로써 일정 전체가 지연됐다. 당시 실무를 맡았던 한은주는 이 한옥이 지금의 모습으로 일신하기까지 설계실 등 보조적 업무공간으로 활용됐다고 회고한다(필자와의 대화, 2013.12.27 & 2014.1.3).

앞서 살펴본 1970년대 초의 조감사진에 나타난 구관 옆의 ㅁ자 한옥과 개축 전의 이 한옥을 비교해보면(개축 전의 지붕 모양은 앞의 사진 '장세양기념관' 내 공간 콤플렉스 모형에서도 볼 수 있다) 흥미로운 사실을 추정하게 된다. 그것은 후자가 시간의 격변 속에서도 살아남은 전자의 일부분이라는 점이다. 다시 말해, 종래의 ㅁ자 한옥은 북, 서, 남측이 모두 소거되어 현재의 정원 공간으로 변모했고, 동측 부분만이 남게 됐다. 남겨진 부위가 동쪽으로 얕게 뻗은 서로 다른 길이의 두 팔을 갖는다는 점, 그리고 지붕골의 모양새가 일치한다는 점이 이 추정에 확신을 준다. 개축된 '공간한옥' 역시 기존 건물의 평면형을 거의 그대로 따랐기 때문에 이 사실은 중요하다고 하겠다. 그리고 이로써 공간 콤플렉스가 담는 시간의 축은 훨씬 앞으로 당겨지게 됐다. 장세양의 표현을 빌면 시간의 '지층'이 더 깊이 쌓이게 된 것이다.

기존 건물을 따라 얕은 ㄷ자의 평면을 갖는 공간한옥은 중앙의 대청을 중심으로 좌우로는 온돌방을 두었으며(정원의 탑과 신사옥의 필로티를 잇는 축은 이 대청을 비스듬히 관통한다), 남측의 온돌방이 조금 더 길게 동으로 뻗어나갔다. 그리고 이렇게 해서 형성된 동쪽의 마당 공간은 남측 팔에 덧붙여 세워진 짧은 담장으로 약간의 프라이버시를 부여받으면서 신사옥 쪽으로 오픈됐다. 전체 구도에서 볼 때, 이 건물 개축 전후의 가장 큰 차이는 지붕의 형태에서 찾을 수 있다. 이전 한옥이 정원쪽인 서측면 양단 모두에 박공벽을 가졌지만(이는 원래의 ㅁ자 한옥에서 절개된 부위로 볼 수 있다), 개축된 건물은 서남측 지붕 모서리를 우진각으로 처리했기 때문이다. 역사는 동결돼야만 하는 것이 아니리라.

새로 단장한 공간한옥은 지난 10년의 기간 접객이나 휴식 등 다소 이완된 용도로 사용돼왔고, 최근에는 이상림의 집무실로도 쓰였다. 36.2㎡(11.0평)의 이 작은 한옥은 (그 상징성에도 불구하고) 애초에 김수근이나 장세양의 작품처럼 결코 야심찬 프로젝트가 아니었기에, 여기서 이상림의 건축개념을 찾아본다거나 하는 일은 불가할 것이다. 그럼에

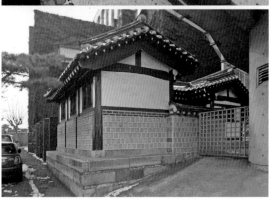

개축된 '공간한옥': (위에서 아래로) 신사옥 계단실에서 본 지붕 모양,
구사옥에서 본 전경, 도로변에서 본 전경 (2013.12)

한국 현대건축 산책

도 불구하고 공간한옥이 갖는 의미를 몇 가지 거론할 수 있는데, 첫째는 전술했듯 그 땅의 매입과 건물의 개축으로 공간 콤플렉스가 완성된 점이다. 둘째는 이 한옥의 두 온돌방이 김수근의 벽돌사옥 구관과 신관 각각에 존재했던 온돌의 기억을 직설적으로 환기시킨다는 점이다. 마지막으로 공간한옥의 개축이 한옥의 보존이나 리모델링이라는 한국 현대건축사의 시대적 흐름을 반영한다는 사실도 잊지 말아야 할 것이다. 특히 2000년대 들어 나타난 이 붐의 발원지는 북촌이었고, 〈공간〉의 터는 그 안자락을 차지하고 있으며, 이상림은 북촌문화포럼을 통해 한옥 보존을 위해 활동하기도 했다.

맺음말

지금까지 개괄한대로 〈공간사옥〉은 김수근의 주춧돌 위에 3대가 쌓아올린 복합 건물군이다. 땅에 뿌리내린 벽돌 건물과 미래지향적 유리상자, 그리고 마지막 퍼즐을 완성시킨 한옥은 제각각의 공간적 깊이를 가짐과 동시에 시간의 스펙트럼을 드러내며 적층됐다. 그 관계성의 긴장과 밀도는 보는 각도에 따라 때로는 팽팽히 당겨지기도 하고, 때로는 느슨히 풀리기도 하는 듯하다. 그러나 이제는 새로운 요구를 담아야 하는 〈공간〉이기에 각 건물의 용도나 서로의 연관성은 달라질 가능성이 크다. 새 주인의 안목을 기대하자. 그리고 앞으로의 진로에 대해서라면, 또 그에 맞는 역사가 훗날 쓰일 것이다. 하지만 지금까지 지내온 〈공간사옥〉 40여 년의 여정을 보다 체계적으로 정리하는 일은 지금의 건축인들에게 던져진 몫이라 하겠다. 이 졸고가 그저 그 작업을 재촉하는 박차라도 될 수 있기를 바라본다.

'공간의 집' - 예술의 공간

Form은 아무런 존재를 안 가진다.
Design은 Form을 개성적으로 번안(?)한다.
실재는 정신을 이야기하며,
존재는 구체를 이야기한다.
건축은 존재하는 것이 아니다.
건축은 공간을 창조하는 것이다.

건축은 그 공간 속에 그 소망을 창조하며 공간은
다시 그 반응을 촉발하는 성질을 가진다.

인간은 자연을 이용하여 건축을 창조한다.
그러나, 자연은 건축을 창조할 수 없다.
인간이 창조한 또 하나의 생명이 건축의 공간이다.

우리는 주어진 새로운 인식에 근거하여 사고하며,
어떤 상황에서나 우리는 자유스러워야 한다.

공간의 특성은 진실을 추구하는 것이다.
영원히 남는 것은 인간의 마음의 본질이다.
영원히 남는 것은 건축의 실재이다.

'공간의 집'은 우리의 생각을 담은 공간체계이다.
이 속에서 얻어진 생명력은 바로 '공간의 시'를
읽을 수 있기 때문이다.

_ 김원석 (『SPACE』, 1975.6)

참고문헌

김원석, 「'우리 집' – '공간의 집'」, 『SPACE』 97호 (1975.6).

A+U編輯部 編, 「空間硏究所および空間社屋」, 『A+U』 89号 (1978.3).

SD編輯部 編, 「特集: 金壽根」, 『SD』 179号 (1979.8).

SD編輯部 編, 『現代の建築家: 金壽根』 (東京: 鹿島出版會, 1979).

공간사 편, 「특집: 김수근과 스페이스 그룹」, 『SPACE』 150/151호 (1979.12/1980.1).

공간사 편, 「건축가 김수근」, 『SPACE』 230호 (1986.9/10).

김수근, 『좋은 길은 좁을수록 좋고 나쁜 길은 넓을수록 좋다』 (서울: 공간사, 1989).

김수근, 『김수근 건축드로잉집』 (서울: 공간사, 1990).

김수근, 『김수근 건축작품집』 (서울: 공간사, 1996).

정인하, 『김수근 건축론』 (서울: 미건사, 1996).

임창복, 「공간 신사옥 – 非物質 공간을 선언한 '제2의 空間'」, 『SPACE』 361호 (1997.12).

한국건축가협회 편, 「공간 신사옥」, 『건축가』 188호 (1998.3/4).

PA편집부 편, 『Pro Architect 14: Kim Swoo Geun』 (서울: 건축세계사, 1999).

전진삼, 『공간사옥』 (서울: Spacetime, 2003).

공간그룹, 『장세양 10주기 추모집: Human & Space』 (서울: 공간사, 2006).

공간그룹 편, 『#SPACE60: 1960~2020』 (서울: CNB미디어, 2020)

김현섭, 「공간사옥 구관 다시 보기, '우리 집' – '공간의 집'」, 『SPACE』 638호 (2021.1).

건축답사 지도

연천군

파주시

경기도

인천시

서울시

경기도

용인시

도판 출처

01 상상사진관: 18쪽_김용관; 26쪽(상,하)_김현섭: 나머지_문훈

02 탄탄스토리하우스: 모두_방철린

03 갤러리 소소: 모두_최삼영

04 지엔아트스페이스: 64~65쪽(상)_조성룡; 66쪽_김재관: 나머지_김현섭

05 인천아트플랫폼: 70쪽, 83쪽_박완순; 80쪽(하), 81쪽(상)_김현섭: 나머지_황순우

06 학현사: 93쪽(상)_위키미디어(public domain): 나머지_김영준

07 탄허박물관: 모두_이성관

08 살구나무집: 모두_조남호

09 전곡선사박물관: 135쪽(하)_네이버 지도(국토지리정보원); 나머지_서울건축

10 폴스미스: 143쪽(상,하), 146쪽_김찬중; 145쪽(하우)_김현섭; 나머지_김용관

11 전쟁과여성인권박물관: 157쪽, 158쪽_와이즈건축; 나머지_김현섭

12 공간 콤플렉스: 176쪽(상,하), 181쪽(상,하), 182쪽(상,하), 183쪽, 187쪽(하), 188쪽(상,하), 189쪽(상,하), 192쪽(상,중,하)_김현섭; 나머지_공간그룹

2000년대 우리 도시의 소소한 풍경

한국 현대건축 산책

초판 1쇄 발행 2025년 2월 20일

펴낸이 이민 · 유정미
편집인 최미라
디자인 오성훈

펴낸곳 이유출판
주소 대전시 동구 대전천동로 514 (34630)
전화 070-4200-1118
팩스 070-4170-4107
전자우편 iu14@iubooks.com
홈페이지 www.iubooks.com
페이스북 @iubooks11
인스타그램 @iubooks11

정가 21,000원
ISBN 979-11-89534-60-8(03540)